〈アニマルホメオパシー海外選書〉
猫のためのホメオパシー

猫の病気別ホメオパシーレメディーの詳説

ジョージ・マクラウド 著
由井寅子 日本語版監修
塚田幸三 訳

ホメオパシー出版

Cats : Homoeopathic Remedies by George Macleod

Copyright © 1990 by George Macleod

Japanese translation rights arranged with through Japan UNI Agency, INC., Tokyo.
Vermilion, an imprint of Ebury Publishing, part of the Random House Group Ltd,
20 Vauxhall Bridge Rord, London, SW1V 2SA

目　次

はじめに ………………………………………… ・5
ホメオパシーとは ……………………………… ・5
ホメオパシーのレメディーの性質 …………… ・6
レメディーの調合 ……………………………… ・6
ポーテンシーの選択 …………………………… ・7
レメディーの投与 ……………………………… ・7
レメディーの管理 ……………………………… ・8
ノゾーズおよび経口ワクチン ………………… ・8
第１章　消化器系の病気 ……………………… ・13
第２章　呼吸器系の病気 ……………………… ・30
第３章　肺および胸膜の病気 ………………… ・42
第４章　神経系の病気 ………………………… ・49
第５章　心臓血管系の病気 …………………… ・57
第６章　泌尿器系の病気 ……………………… ・60
第７章　生殖器系の病気 ……………………… ・73
第８章　耳の病気 ……………………………… ・79
第９章　目の病気 ……………………………… ・85
第10章　血液および造血器官の病気 ………… ・93
第11章　アレルギー性疾患 …………………… ・97
第12章　筋肉の病気 …………………………… ・101
第13章　筋骨格系の病気 ……………………… ・105
第14章　粟粒湿疹および脱毛 ………………… ・112
第15章　外傷 …………………………………… ・116
第16章　寄生虫（ノミ） ……………………… ・118
第17章　ワクチン接種法 ……………………… ・119
第18章　猫特有の病気 ………………………… ・121
第19章　マテリア・メディカ ………………… ・145
索引 ……………………………………………… ・211
日本語版監修者あとがき ……………………… ・222
著者紹介 ………………………………………… ・224

はじめに

　本書は、猫という愛らしい動物の病気を代替療法で治療したいという、愛猫家の皆さんのご要望に応えようと書いたものです。決して網羅的なものではなく、一般的なレメディーしか取り上げておりません。レメディーの詳細については、ホメオパシーのレメディーに関する、より包括的な手引き書を参照願います。

　猫特有の病気を除くと、本書で取り上げた病気の多くは、さまざまな点で犬の場合と似ています。しかし、特定のレメディーに対する猫の反応は、常に多くの点で犬（ないし、その他の動物）と異なることが経験的にわかっています。

　本書は犬に関する拙著と同じ線に沿って構成されており、比較的一般的なレメディーを取り上げた簡単なマテリア・メディカもほぼ共通です。

1．ホメオパシーとは

　ホメオパシー療法についての知識がほとんど、あるいは全くない読者の皆さんに、治療におけるレメディーの役割を理解していただくには、ホメオパシー療法の要点を簡単に説明させていただく必要があります。

　ホメオパシーは医学の一部門で、人間や動物に病気の症状を引き起こす物質はどれも、同様の症状を示す病気の治療に使うことができると主張します。病気の状態とレメディーとの類似性という原則が強調されます。病気の臨床像とレメディーのプルービングによる臨床像の2つがあると考えてください。治療するときは、できるかぎりこの2つの臨床像が一致するよう努める必要があります。2つの臨床像が似ていれば似ているほど、満足のいく治療結果が得られる可能性があります。これは、人間のほうが動物よりもはるかに簡単に達成できます。それは、本人にしかわからない主観的（精神的）症状を知ることが、動物の場合は不可能ではないとしても、非常に難しいからです。ホメオパシーで人間の患者を治療する場合、精神的症状はきわめて重要です。

動物の場合にも、行動観察を通して、特定の状況に対する、あるいはほかの動物や人間、雑音などに対する反応の仕方をみることで、会話によるコミュニケーションの不足をある程度補うことができます。場合によっては、動物の感じ方が想像できるかもしれません。たとえば、仲間を失って、あるいは無理やり飼い主から引き離され、検疫用施設に隔離されて悲しみを感じていたり、術後の精神的外傷に苦しんでいるかもしれません。

幸い、ホメオパシーのマテリア・メディカには、そうしたあらゆる状況に役立つレメディーが含まれています。

2．ホメオパシーのレメディーの性質

ホメオパシーのレメディーは、動物や植物あるいは無機物やその化合物など、すべて自然の材料から得られます。ホメオパシーはしばしば（全く誤って）薬草療法として紹介されますが、今述べたことからも明らかなように、それ以上の誤解はないかもしれません。薬草療法は多数の植物を使い成果を上げていますが、ホメオパシーほどには植物本来の利点を活かすことができません。

3．レメディーの調合

ホメオパシーのレメディーの調合は科学的方法で行われますので、特別な技術を習得した、資格のある薬剤師に委ねるのが最善です。ホメオパシーでは最高の方法でレメディーを調合することがきわめて重要です。手短にいえば、それは一連の希釈と振盪（しんとう）に基づくシステムで、（操作を重ねていくと）有毒物質でさえ安全に使えるようになります。

ポーテンタイゼーションされたレメディーを調合するには、植物その他の生物材料から得られた原液（φ）と呼ばれる溶解液1滴と、水とアルコールの混合液99滴とを混ぜ、その希釈液に振盪と呼ばれる機械的衝撃を加えます。この振盪は調合に不可欠な工程で、それによって安定

化した溶液にエネルギーが与えられます。100倍法により、原液を水とアルコールの混合液に1対99の割合で混ぜたものは1Cと表されます。

また、調合は10倍法でも行われ、1X（大陸ヨーロッパでは1D）という表記で市販されています。希釈と振盪を繰り返すと、その過程で多くのエネルギーが放出されて高いポーテンシーが得られます。したがって、ホメオパシーは薬物の物理的投与量ではなく、エネルギーに関心をもつ医学体系として理解することができるでしょう。

3Cは100万分の1の濃度を意味しますが、その段階に達すると、あらゆる物質の毒性ないし有害性が失われ、治療特性だけが残ります。

4．ポーテンシーの選択

最類似薬（シミリマム）ないし'最も似ている'レメディーが選択できたら、次にはどのポーテンシーを使うべきかという問題が生じます。著者の経験からすると、一般原則としては、低ポーテンシーのレメディーよりも多くのエネルギーを含む高ポーテンシーのレメディーは急性の感染症ないし疾患に用い、低ポーテンシーのレメディーは病理学的変化の有無にかかわらず、慢性の疾患に用いるのがよいでしょう。しかし、ときどき例外があります。実際、特に大陸ヨーロッパでは、多くのホメオパスが通常はもっぱら低ポーテンシーのレメディーに頼っています。

本書では、さまざまな病気に関連して各レメディーのポーテンシーを述べましたが、それは単なる目安にすぎません。ただし、それより高いポーテンシーを使う場合には、専門的な助言が必要でしょう。

5．レメディーの投与

レメディーは、錠剤、粉剤、あるいはチンキないし水溶液として市販されています。通常、猫は犬より投薬に協力的ではありません。また、すべての猫に合うような理想的な方法もありません。

飼い主は、どのやり方が治療しようとする特定の猫に最も合うか判断

する必要があります。猫のなかには、簡単に錠剤を受け入れるものもいれば、粉剤のほうがよいもの、あるいは液剤を注射器で投与するほうがよいものもいます。極端に難しい猫の場合は、レメディーを食べ物や牛乳に混ぜて与えることも可能です。これは理想的な方法ではありませんが、レメディーの効力は変わらないことが経験的に知られています。

患畜にストレスを与えないことが大事ですので、患畜が協力的でないときには食べ物に混ぜてレメディーを与えましょう。

6．レメディーの管理

レメディーはその調合過程からして本来的に繊細であり、樟脳や消毒剤などのにおいの強いものや強い日光に影響されます。したがって、レメディーはそのような影響を受けないように、強い光を避け、涼しい乾燥した場所に保管する必要があります。この点、錠剤の保管には茶色のガラス瓶が役立ちます。

7．ノゾーズおよび経口ワクチン

本書では、さまざまな病気の治療に関連してノゾーズという言葉が使われていますので、これが何を指しているかを十分説明しておく必要があります。

ノゾーズ（nosode、ギリシャ語で病気を意味する νοδοξ に由来）は、病気にかかった身体の一部から採取された病気の産物で、その後ポーテンタイゼーションされたものです。たとえば猫インフルエンザ・ノゾーズは、感染猫の気道分泌物からつくられます。特定の、つまり細菌性、ウイルス性、原虫性の病気の場合、採取した材料には病原体が存在するかもしれないし存在しないかもしれませんが、ノゾーズの効能は決して病原体の存在に依存するものではありません。要するに、細菌やウイルスの侵入に対して組織が反応した結果できた物質が、ノゾーズの基礎になるのです。

経口ワクチンは病気の原因をなす生物そのもの、あるいは細菌の外毒素のみを含む濾液や細菌と毒素をともに含む乳濁液をポーテンタイゼーションすることによってつくられます。
　ノゾーズおよび経口ワクチンを用いる方法は2つあります。治療に用いる方法と予防に用いる方法です。ノゾーズを治療に用いる場合は、それが得られたのと同じ病気に使うことができます。たとえば、猫インフルエンザ（ウイルス性鼻気管炎）・ノゾーズは、ウイルス性鼻気管炎の治療に使うことができます。これは、アイソパシー的と呼ぶことができるかもしれません。つまり、同じ病気にかかっている動物から得られた物質による治療です。あるいは、どのような病気であれ症状が特定のノゾーズの症状像に似ているならば、そのノゾーズを使うことができます。
　たとえば、Psorinum（ソライナム）のノゾーズは、そのノゾーズのプルービングに現れる特定の皮膚病の治療に使うことができます。この方法は、ホメオパシー的と呼ぶことができるかもしれません。つまり、似た病気にかかった動物から得られた物質による治療です。この点に関しては、多くのノゾーズがそれぞれ独自にプルービングされてきたことを記憶にとどめる必要があります。つまり、それぞれ独自のレメディー像があります。他方、動物のノゾーズもたくさん開発されており、プルービングされたものはありませんが、そのほとんどすべてが関連疾患の治療ないし予防に使われています。

（1）オートノゾーズ
　この特殊なノゾーズは、患畜自身から得られる材料でつくられるものです。たとえば、慢性的な瘻孔から出る膿をポーテンタイゼーションし、それを同じ患畜の治療に使います。多くの例を挙げることができますが、ここでは方法論の説明だけで十分だと思います。通常オートノゾーズは、強く示唆されたレメディーが期待した成果を上げられなかった難治例に用いられますが、しばしば驚異的な結果をもたらします。

（2）経口ワクチン

　経口ワクチンは、ノゾーズの場合と同じく、治療にも予防にも使えます。病気が細菌ないしウイルスの侵入のみに起因する場合は、経口ワクチンを使うとしばしば、すばらしい成功を収めます。しかし、背後に慢性疾患があり、それが急性の感染症を複雑にしている場合は、成功の可能性が下がります。その場合は、根本体質レメディーなど、その他のレメディーの助けが必要かもしれません。

（3）腸内細菌ノゾーズ（Bowel nosode）

　腸内細菌ノゾーズは、病原体自体の培養物をポーテンタイゼーションしてつくられるので、通常は経口ワクチンに含まれます。腸内細菌ノゾーズについて学ぶ準備として、大腸菌について考えてみましょう。

　通常の健康な動物では、大腸菌は有益な働きをしており、消化プロセスによって生じた複雑な物質を単純な物質に変えています。しかし、患畜がストレスなどにさらされ消化管粘膜に変化をきたすと、健康のバランスが崩れて大腸菌が病原性をもつことがあります。患畜に起こるこのような変化は、ポーテンタイゼーションされたホメオパシーのレメディーを投与すると引き起こすことができるもので、必ずしも致命的ではありません。このように、患畜が細菌の行動に変化をもたらしたことが病気の原因となっている場合もあります。

　それまで大腸菌だけがみられたある患畜に、突然、腸チフスおよびパラチフスの病原体と関係のある乳糖非発酵菌の割合が増えたことが臨床検査で確認されたことがあります。その乳糖非発酵菌は、レメディーを投与してから10〜14日の潜伏期を経て現れたことから、ポーテンタイゼーションされたホメオパシーのレメディーが腸内細菌叢に変化をきたしたためと思われます。この場合、病原菌の出現はポーテンタイゼーションされたレメディーが患者の生命力を刺激した結果であって、変化の原因では全くありません。病原菌はそれぞれ特有の症状像と結びついており、臨床観察や臨床検査によって何らかの結論が得られる可能があります。以上のことは、次のように要約できるでしょう。

①特定の生物と病気との間に関係がある。
②特定の生物とホメオパシーのレメディーとの間に関係がある。
③ホメオパシーのレメディーと病気との間に関係がある。

　動物診療にかかわるわれわれに関係のある腸内細菌ノゾーズには、Morgan（モーガン）、Proteus（プロテウス）、Gaertner（ガットナー）、Dys-co.（ディスコー）、Sycotic-co.（サイコティックコー）などがあります。

Morgan
　モーガン菌の臨床像は一般に消化器系および呼吸器系と関連がありますが、線維組織および皮膚に対する作用もあることが臨床観察によって明らかになっています。主に子猫の湿疹に対して、Sulphur（ソーファー）、Graphites（グラファイティス）、Petroleum（ペトロリューム）、Psorinum（ソライナム）などの適切なレメディーと併用します。

Proteus
　このノゾーズのプルービングで目立つのは、中枢神経系および末梢神経系です。たとえば、末梢血管の痙攣を伴う発作や全身痙攣、一般的な特徴である筋痙攣、しばしばみられる血管神経性浮腫、顕著な紫外線過敏症などです。関連するレメディーは Cuprum（キュープロム）、Nat-mur.（ネイチュミュア）などです。

Gaertner
　このノゾーズは、顕著な削痩（さくそう）と栄養失調を伴います。慢性胃腸炎が起き、寄生虫に感染する傾向があります。脂肪が消化できなくなります。関連するレメディーは Merucurius（マーキュリアス）、Phosphorus（フォスフォラス）、Silica（シリカ）などです。

Dys-co.
　このノゾーズは、主に消化器系と心臓系に関係します。
　胃内容物の滞留を伴う幽門痙攣が起き、嘔吐につながります。心機能障害が神経質な猫にみられることがときどきありますが、それは通常、緊張と関係があります。

関連するレメディーは、Arsenicum（アーセニカム）、Arg-nit.（アージニット）、Kalmia（カルミア）などです。

Sycotic-co.

このノゾーズのキーノートは、亜急性ないし慢性の粘膜炎で、特に消化管粘膜を侵し慢性カタル性腸炎が起こります。慢性気管支炎や鼻カタルがみられます。関連するレメディーは、Merc-co.（マークコー）、Nitric-acid.（ニタック）、Hydrastis（ハイドラスティス）などです。

（4）腸内細菌ノゾーズ（Bowel nosode）を適用する主な目安

特定のレメディーを示唆する1、2の主要症状が認められる場合は、そのレメディーを使いましょう。効果がみられなくても簡単に諦めずにポーテンシーを変え、それでも満足のいく結果が得られない場合は別のレメディーを検討しましょう。慢性疾患では、いくつかの競合するレメディーを示唆する矛盾する症状があるかもしれませんが、そのときには腸内細菌ノゾーズを使うと効果を発揮する可能性があります。

関連するレメディーを検討すると、通常、特定のノゾーズに行き着きます。腸内細菌ノゾーズの使用を検討する場合は、ポーテンシーと投与頻度が特に重要です。人間の病気の場合には、精神的、情緒的症状がよくみられますが、これは獣医師には利用できません。したがって獣医師は、客観的な徴候や病理学的変化に関心を寄せますが、その目的のためには、たとえば6～30Cのような低～中程度のポーテンシーのレメディーのほうが、高ポーテンシーのレメディーよりも向いており、安全に数日間、連続投与することができます。腸内細菌ノゾーズは深く作用するので、一度処方したら数カ月間は再投与を控えなくてはなりません。

故Dr.ジョン・パターソンが書かれたパンフレットを参考にさせていただきました。感謝いたします。

第1章　消化器系の病気

1. 口内炎

これは口の中の炎症で、さまざまな内的ないし外的原因によって生じる可能性があります。

【症　状】

口腔が赤くはれてみえるほか、あちこちに斑状の潰瘍がみられるかもしれません。それがびらんすると、触ると痛がり、二次感染しやすくなって流涎に膿が混じるかもしれません。

【治　療】

しばしば初期段階に体温が上がりますが、その場合には次のようなレメディーを検討しましょう。

□ **Aconite**（アコナイト）

これはできるだけ早く投与すべきです。10Мの単回投与で十分なはずです。

□ **Mercurius**（マーキュリアス）

このレメディーの主要なキーノートの1つは大量の流涎です。口の中が汚くみえるかもしれません。通常、症状は夜になると悪化します。推奨ポーテンシーは6Cで、1日3回、5日間投与します。

□ **Nitric-acid**.（ニタック）

このレメディーは頬粘膜に潰瘍ができたとき、特に口唇の近くにできたときに必要になる可能性があります。推奨ポーテンシーは30Cで、1日1回、10日間投与します。

□ **Borax**（ボーラックス）

　このレメディーは、炎症性病変に加えて小水疱が形成されたときなどに示唆されます。小水疱は融合したあと破れて、びらんする傾向があります。極端な流涎があります。このレメディーの使用を示唆するもう１つの症状は、椅子のような高いところから降りるときのように、下向きに動くのを嫌うことです。推奨ポーテンシーは６Ｃで、１日３回、７日間投与します。

□ **Belladonna**（ベラドーナ）

　このレメディーは口が乾燥し、赤く光沢があるときに示唆されます。随伴症状として、瞳孔散大や大脈の反跳脈などがみられます。患畜は暑さを感じているかもしれません。推奨ポーテンシーは１Ｍで、１時間ごとに１回、４時間投与します。

2. ガマ腫

　これは舌下の囊胞様の腫脹を指し、通常の原因は唾液管の閉塞です。

【臨床症状】

　球状の腫脹が舌下の片側ないし両側に現れます。

【治　療】

　内科的治療は容易ではありませんが、次のようなレメディーが役立つ可能性があります。

□ **Apis**（エイピス）

　このレメディーは、この病気が浮腫の性状を有することから示唆されます。患畜の様態は暑いと悪化し、一般的に口渇はありません。推奨ポーテンシーは６Ｃで、１日３回、７日間投与します。

□ **Mercurius**（マーキュリアス）

　ほかの唾液腺から唾液が過剰に分泌される場合にこのレメディーが役立つ可能性があります。推奨ポーテンシーは６Ｃで、１日３回、５日間投与します。

3. 耳下腺炎

　この病態は寒さにさらされたときに生じる可能性があります。また、FVR（猫ウイルス性鼻気管炎）などの感染症に続発する可能性もあります。

【臨床症状】
　通常、症状は片側だけに限られますが、耳下腺がはれて硬くなり痛みがあります。

【治　療】
　次のようなレメディーを検討する必要があります。
□ **Aconite**（アコナイト）
　冷たい風にさらされた場合に、このレメディーの使用が示唆されます。早期に投与すると、それ以上の治療の必要性がなくなる可能性があります。推奨ポーテンシーは10Mで、2時間間隔で3回投与します。
□ **Belladonna**（ベラドーナ）
　耳下腺は熱くなり、はれます。軽度の発作のような中枢神経系障害の徴候を伴うかもしれません。瞳孔は散大し、脈は大脈の反跳脈でしょう。全身的な発熱があります。推奨ポーテンシーは1Mで、1時間間隔で4回投与します。
□ **Pulsatilla**（ポースティーラ）
　右側が侵された場合に示唆されます。口は乾燥し、舌は白っぽい被膜で覆われます。推奨ポーテンシーは6Cで、1日3回、10日間投与します。
□ **Bryonia**（ブライオニア）
　耳下腺の硬化がこのレメディーを示唆する特徴です。また、Aconitumの場合と同じく、寒さにさらされたことがあります。患畜は耳下腺を圧迫されても嫌がりません。口腔粘膜は乾いています。推奨ポーテンシーは30Cで、1日2回、7日間投与します。
□ **Baryta-carb.**（バリュータカーブ）
　非常に幼い、あるいは非常に高齢の猫の場合にこのレメディーを検討

する必要があります。近くの扁桃組織が侵される傾向があります。推奨ポーテンシーは6Cで、1日3回、7日間投与します。

□ **Calc-fluor.**（カルクフロアー）

耳下腺が石のように硬くなった場合に、このレメディーが必要になります。関連リンパ節も侵されます。推奨ポーテンシーは30Cで、1週間に2回、4週間投与します。

□ **Phytolacca**（ファイトラカ）

これは腺の障害一般に対する第一級のレメディーです。腫脹が咽喉に波及して青みがかった赤色に変色し、嚥下困難をきたす可能性があります。急性状態にいっそう有益です。推奨ポーテンシーは30Cで、1日2回、10日間投与します。

□ **Rhus-tox.**（ラストックス）

通常、左耳下腺が侵された場合に、このレメディーが示唆されます。小水疱が耳下腺周辺の皮膚に現れることがあり、咽喉は赤く炎症を起こします。推奨ポーテンシーは1Mで、1日1回、10日間投与します。

□ **Parotidinum**（パロティダイナム）

このノゾーズは適切なレメディーと一緒に使われます。推奨ポーテンシーは30Cで、1日1回、5日間投与します。

4．咽頭炎

この病態の発生にも冷たい風が関与している可能性があります。たまに、食べ物の変化が原因になることもあります。

【臨床症状】

通常、飼い主が最初に気づくのは嚥下困難です。調べてみると、咽喉の部分に圧痛があります。炎症は関連する腺および耳に波及することがあります。

【治　療】
□ **Aconite**（アコナイト）
　初期の発熱を伴う急性期に示唆されます。推奨ポーテンシーは10 Mで、1時間間隔で3回投与します。
□ **Belladonna**（ベラドーナ）
　瞳孔散大、強い反跳脈、発熱などの一般的症状がみられる場合の最も重要な咽喉のレメディー。患畜は興奮しやすいかもしれません。推奨ポーテンシーは1 Mで、1時間間隔で4回投与します。
□ **Merc-cyan.**（マークシアン）
　このレメディーが示唆される場合は、咽喉に偽膜が現れる可能性があります。全身性の中毒性疾患の徴候を伴います。推奨ポーテンシーは30Cで、1日3回、6日間投与します。
□ **Aesculus**（イーセキュラス）
　調べると、咽喉の静脈が腫脹ないし拡張しているようにみえます。黄疸などの肝臓障害の徴候が現れるかもしれません。腹部の圧迫を嫌います。推奨ポーテンシーは30Cで、1日3回、6日間投与します。
□ **Lachesis**（ラカシス）
　外診によって咽頭部の腫脹と圧痛が明らかになった場合の最も重要な咽喉のレメディーの1つ。内診すると、赤変、腫脹、そしておそらく出血性の変化も認められます。推奨ポーテンシーは30Cで、1日3回、10日間投与します。
□ **Bryonia**（ブライオニア）
　Aconite（アコナイト）と同じく、冷たい風にさらされた場合に、このレメディーが示唆されます。咽頭部を圧迫すると症状が軽減します。口腔粘膜は乾燥しています。推奨ポーテンシーは30Cで、1日3回、7日間投与します。
□ **Alumen**（アルメン）
　扁桃組織が硬くなるとともに全般的に表在リンパ節も硬化します。推奨ポーテンシーは30Cで、1日2回、10日間投与します。

□ **Rhus-tox.**（ラストックス）
　咽喉が暗赤色に変化しているとき、特に右側よりも左側の病変が顕著な場合に示唆されます。舌と歯肉の小水疱を伴います。推奨ポーテンシーは1Mで、1日1回、10日間投与します。

5. 歯肉炎

　これは歯肉の炎症を指します。猫特有の病気（第18章参照）以外にも、非特異的に現れる可能性があります。

【症　状】
　歯肉が赤くはれてみえますが、特に歯に隣接する部分の変化が目立ちます。通常、流涎がみられます。潰瘍はみられる場合もみられない場合もあります。

【治　療】
□ **Mercurius**（マーキュリアス）
　このレメディーは過剰な流涎がみられる単純な炎症に役立つ可能性があります。全体的に口が汚くみえ、症状は夜間に悪化します。推奨ポーテンシーは6Cで、1日3回、10日間投与します。
□ **Merc-iod-ruber**（マークアイオドルバー）
　二価の水銀はヨウ化物となり、口の左側を侵す炎症に効果を発揮します。推奨ポーテンシーは30Cで、1日3回、7日間投与します。
□ **Merc-iod-flavus**（マークアイオドフラバス）
　この黄色いヨウ化水銀にも Merc-iod-ruber と同じような作用がありますが、右側に親和性があります。推奨ポーテンシーは30Cで、1日3回、7日間投与します。
□ **Borax**（ボーラックス）
　このレメディーは潰瘍が存在するときに示唆されます。過剰な流涎がみられ、患畜は椅子などから飛び降りたり、あるいは下に向かって動く

のを嫌います。推奨ポーテンシーは6Cで、1日2回、14日間投与します。
□ **Merc-co.**（マークコー）
　適応症状はMercurius（マーキュリアス）にやや似ていますが、それよりもはるかに激しい場合です。夜間にネバネバした粘液便がみられる可能性があります。推奨ポーテンシーは30Cで、1日2回、7日間投与します。

6. 舌　炎

　単純な舌の炎症がときどき猫にみられます。主な症状は、舌が赤く光沢があること、舌の上皮が痛いために飲んだり食べたりしたがらないことなどです。レメディーとしては、たとえば、Belladonna（ベラドーナ）1Mを1日3回、4日間、あるいはRhus-tox.（ラストックス）1Mを同じ頻度で投与すると役立つ可能性があります。猫特有の病気の潰瘍性舌炎については、病原体による病気の章（第18章）で取り上げています。

7. 胃　炎

　猫では、普通に吐き出すことのできない毛玉のようなものが詰まることが、常にこの種の問題の原因です。ほかの要因が加わっている場合もあります。

【症　状】
　猫は不安と食欲不振の症状を呈し、嘔吐しようとするかもしれません。猫の場合は症状は比較的軽く、たとえばNux-vomica（ナックスボミカ）6Cを1日3回、3日間投与すると役立つはずです。これは単純な消化不良に対する信頼のおけるレメディーであり、食欲を刺激するはずです。たまに異物の摂取による胃炎も起こりますが、犬よりもまれです。
　痛みを伴う嘔吐を招いた場合はPhosphorus（フォスフォラス）を検討しましょう。30Cのポーテンシーで2時間ごとに4回投与します。

8. 腸炎および下痢

　特定の病原体によるもののほか（第18章参照）、幼い子猫が非特異性腸炎に侵され、色の薄い、悪臭を放つ軟便を排泄することがあります。そのような症状を示す子猫には、次に挙げるレメディーのどれかが役立つはずです。

□ **Gaertner**（ガットナー）

　この腸内細菌ノゾーズは、一般的に、子猫の腸管障害に対してほかのレメディーを補完する補助レメディーとして使われます。推奨ポーテンシーは30Cで、1日1回、5日間投与します。

□ **E-coli**（イーコライ）

　このノゾーズも必要になるかもしれません。Gaertnerと組み合わせて同じように投与することができます。子猫の腸炎に対して、便を材料とする特殊なノゾーズを用意するのはよいことです。

□ **Baryta-carb.**（バリュータカーブ）

　これは非常に幼い猫に適したレメディーで、ほかのレメディーに対する反応が遅い場合に投与すべき補助レメディーとして覚えておきましょう。推奨ポーテンシーは6Cで、1日3回、7日間投与します。

□ **China**（チャイナ）

　体液が失われた場合には常に示唆されます。これも、ほかのレメディーと併用することができます。推奨ポーテンシーは6Cで、1日に4〜5回、2日間投与します。

□ **Veratrum**（バレチューム）

　症状が重く虚脱をきたす場合は、このレメディーを検討する必要があるかもしれません。便は重湯状といわれます。推奨ポーテンシーは30Cで、1日3回、5日間投与します。

□ **Podophyllum**（ポードファイラム）

　ほかのレメディーに反応せず、長期に及ぶ症例に有用なレメディー。特に、症状が朝方悪化する子猫に有用。推奨ポーテンシーは1Mで、1日1回、6日間投与します。

9. 便　秘

　これには多くの要因が考えられますが、食餌に注意をして、水分と食べ物の量を十分確保することで対処する必要があります。便秘は全身疾患に関係する可能性がありますが、その場合には根本体質レメディーが必要になるかもしれません。

　便秘を軽減するために検討すべきレメディーとしては次のようなものがあります。

□ **Nux-vomica**（ナックスボミカ）

　消化障害に一般的に効果があります。鼓腸と肝臓部の圧痛を伴って嘔吐が起こるかもしれません。推奨ポーテンシーは6Cで、1日3回、7日間投与します。

□ **Alumen**（アルメン）

　頻繁に嘔吐するとともに、リンパ節が侵されて一般的に硬くなります。推奨ポーテンシーは30Cで、1日1回、7日間投与します。

□ **Nat-mur.**（ネイチュミュア）

　一般的に、猫に最も有用な根本体質レメディーの1つ。口の中に小水疱が現れることがあります。大量に摂水するとともに全身的な衰弱がみられるかもしれません。推奨ポーテンシーは6C～9C～200Cです。

□ **Bryonia**（ブライオニア）

　便が硬く、焦げたようにみえます。患畜は休むのを好み、動きたがりません。粘膜は乾燥しています。推奨ポーテンシーは6Cで、1日3回、10日間投与します。

□ **Lyocopodium**（ライコポーディウム）

　肝臓障害を伴うと考えられる場合のレメディーです。症状は通常、午後遅く悪化します。呼吸困難を伴うかもしれません。推奨ポーテンシーは12Cで、1日2回、14日間投与します。

10. 結腸炎

猫伝染性腸炎の特殊な症例を除けば、大腸の炎症はまれにしかみられません。症状はさまざまな色や硬さの慢性の下痢として現れますが、腸上皮の潰瘍化の状態によって変わる可能性があります。次に挙げたレメディーは、特徴的な症状や患畜の性格に応じてどれも治療に役立ちます。

☐ **Iris-versicolor**（アイリスバシュキュラー）

咽喉部の腫脹を伴う可能性があります。便は通常、黄色っぽい色ないしクリーム色をしています。推奨ポーテンシーは30Cで、1日1回、10日間投与します。

☐ **Merc-co.**（マークコー）

激しい息みを伴い、便は一般に粘血便です。症状は日没から日の出にかけて悪化します。推奨ポーテンシーは30Cで、1日2回、7日間投与します。

☐ **Nitric-acid**.（ニタック）

潰瘍の疑いがある場合、特に下部結腸ないし直腸の潰瘍が顕著な場合は、このレメディーが役立つ可能性があります。推奨ポーテンシーは200Cで、1週間に3回、4週間投与します。

☐ **Uranium-nit.**（ウラニュームニット）

摂水後に嘔吐する場合に、このレメディーが必要になる可能性があります。鼓腸を伴う腹部の不快感があります。推奨ポーテンシーは30Cで、1日1回、14日間投与します。

☐ **Croton-tig.**（クロトンティグ）

激しい下痢とともにひどいかゆみなどの皮膚症状があります。皮膚は熱く感じられ、便は極端な水様便です。推奨ポーテンシーは200Cで、1週間に3回、3週間投与します。

☐ **Ipecac**（イペカック）

頻繁な嘔吐と関係があります。腹部の不快感を伴う反射性嘔吐とともに呼吸器症状がみられるかもしれません。便には血液が混じっている可能性があります。推奨ポーテンシーは6Cで、1日3回、10日間投与

します。

□ **Dulcamara**（ダルカマーラ）

患畜が湿った環境にさらされたことや季節（秋）と関係がある場合に示唆されます。推奨ポーテンシーは200Cで、1日1回、10日間投与します。

□ **Colocynth**（コロシンス）

激しい疝痛症状を伴います。患畜は悲鳴を上げ、背中を丸めます。地面の上を転げまわり、身体をよじるかもしれません。痛みは通常強烈です。推奨ポーテンシーは1Mで、1時間間隔で4回投与します。

□ **Arsenicum**（アーセニカム）

便は悪臭を放ち、死臭のようなという表現が使われます。頻繁に摂水します。症状は夜半に向けて悪化します。患畜は落ち着きがなく、被毛が乾き、嘔吐し、暖かさを求めます。推奨ポーテンシーは1Mで、1日2回、4日間投与します。

11. 直腸炎

直腸部の炎症は、結腸の粘膜過多が起こる可能性のある急性結腸炎ないし猫伝染性腸炎に続発することがあります。

レメディーとしては、Nux-vomica（ナックスボミカ）30Cを1日1回7日間、およびRuta（ルータ）を1日3回10日間投与すると役立つ可能性があります。これらのレメディーは、特にこの型の炎症に効果を発揮します。

12. 肝　臓

(1) 肝　炎

猫の肝実質の炎症はときどき起こりますが、通常、胆汁性嘔吐や灰色ないし粘土色の便があるということで来診します。黄疸（これは単なる症状にすぎません）はあることも、ないこともあります。黄疸がある場

合は、便が山吹色になる可能性があります。誤って化学物質を摂取したり、何らかの化学的薬剤を過剰投与すると、中毒性肝炎が起こることがあります。

【治 療】

□ **Phosphorus**（フォスフォラス）

　最も有用なレメディーの1つ。便は粘土色で、水などを嘔吐します。歯肉の出血を伴うかもしれません。推奨ポーテンシーは30Cで、1日2回、6日間投与します。

□ **Chelidonium**（チェリドニューム）

　通常、黄疸を伴います。粘膜は黄色で、便は山吹色です。推奨ポーテンシーは30Cで、1日2回、7日間投与します。

□ **Lycopodium**（ライコポーディウム）

　消化不良と鼓腸を示すより慢性の症例に適します。一般に、患畜は高齢で、症状は午後遅くなると悪化します。推奨ポーテンシーは12Cで、1日2回、7日間投与します。あるいは、1Mを1週間に1回、4週間投与します。

□ **Berberis-v.**（バーバリスブイ）

　腰部の脱力を伴い、尿に悪臭があり、胆道疝痛がみられる場合に示唆されます。推奨ポーテンシーは30Cで、1日1回、10日間投与します。

□ **Chionanthus**（チオナンサス）

　通常、肝臓が触知できます。黄疸があり、便はパテ状です。推奨ポーテンシーは6Cで、1日3回、10日間投与します。

(2) 肝硬変

　これは肝実質の慢性的肥厚を意味しますが、やがて外診でわかるほど硬くなります。猫ではかなり頻繁に起こります。症状には、この場合も、便秘と嘔吐が含まれ、重症になると腹腔に大量の液体が貯留します。これは門脈循環障害によって起こります。

【治　療】

□ **Carduus-marianus**（カーデュアスマリアーナス）

　これは検討すべき主要レメディーの１つで、この病態の軽減に役立つことを証明する記録があります。患畜は体質的に非常に警戒心が強くなり、周囲の環境や食べ物に対する関心が高まるでしょう。推奨ポーテンシーは 30C で、１日２回、14 日間投与します。

□ **Phosphorus**（フォスフォラス）

　食べ物や水を摂取するとすぐ嘔吐する場合はこのレメディーを検討しましょう。肝機能に対する深い作用があります。推奨ポーテンシーは 200C で、１週間に２回、４週間投与します。

□ **Lycopodium**（ライコポーディウム）

　これは高齢の猫に対するもう１つの有益な肝臓レメディーです。症状は午後遅くないし夕方早くに悪化します。便は通常乾いていて光沢があります。推奨ポーテンシーは 200C で、１週間に３回、３週間投与します。

□ **Berberis-v.**（バーバリスブイ）

　このレメディーは門脈循環を刺激し、腹部に貯留した液体の減少に役立つ可能性があります。これに関連して、このレメディーには腎臓に対する作用もあるので、いっそうの効果が期待できます。推奨ポーテンシーは 30C で、１日１回、10 日間投与します。

□ **Ptelea**（テリア）

　このレメディーはそれほどよく知られていませんが、いわゆる排液レメディーとしての働きによって肝臓に有益な作用を及ぼします。つまり、（主な'浄化'器官である）肝臓が正常に機能していないときに、身体の浄化を助けます。推奨ポーテンシーは 30C で、１日２回、14 日間投与します。

13. 脾　臓

　猫の脾臓の病的状態は、常に猫白血病ウイルス（FeLV）と関係があります。脾臓の働きを助ける特別なレメディーは Ceanothus（シアノーサス）です。脾臓の病変が疑われたり、そのように診断された場合には、このレメディーを 30C のポーテンシーで、1 日 1 回、14 日間投与すると役立つ可能性があります。

14. 膵臓（急性膵炎および慢性膵炎）

　膵臓の 2 つの機能、つまり外分泌機能（消化酵素の分泌）と内分泌機能（ホルモンの分泌）を分けて、それぞれ別のものとして扱う必要があります。

(1) 外分泌機能

　これは蛋白質消化酵素トリプシンの役割と機能に関係しています。

【臨床症状】

　膵臓の異常で来診する猫には、次のような症状の一部ないし全てがみられるかもしれません。つまり、しつこい下痢があり、便は脂肪を含むために黄色がかっている、激しい食欲がある、たまに未消化の食べ物を含む大きな便がみられる、などです。長期に及ぶ場合は、体調不良が明らかです。

【治療（急性型）】

□ **Iris-versicolor**（アイリスバシュキュラー）

　これは最も重要な膵臓のレメディーです。便は水様で、明るい色やときには緑がかった色をしています。激しい腹痛があります。推奨ポーテンシーは 6 C で、1 日 3 回、5 日間投与し、続いて 30C のポーテンシーで 1 週間に 3 回、4 週間投与します。

□ **Atropinum**（アトロピナム）

このベラドーナのアルカロイドには膵臓に対する選択的作用があり、口の乾燥と嚥下困難を伴う場合に使える可能性があります。嘔吐すると症状が和らぎ、臍部は接触に非常に敏感になります。推奨ポーテンシーは6Cで、1日3回、7日間投与します。

□ **Chionanthus**（チオナンサス）

これは優れた一般的な膵臓レメディーで、肝障害を伴い粘土色の便と肝部の圧痛が認められるときに示唆されます。激しい腹痛があります。推奨ポーテンシーは30Cで、1日1回、10日間投与します。

□ **Iodum**（アイオダム）

このレメディーが示唆されるときには、便は常に泡状の脂肪便です。激しい食欲があり、被毛が乾いているやせた猫に適しています。推奨ポーテンシーは30Cで、1日1回、2週間投与します。

□ **Gaertner**（ガットナー）

この腸内細菌ノゾーズはほかのレメディーの作用を助けるでしょう。

特に子猫に効果があります。推奨ポーテンシーは30Cで、1日1回、5日間投与します。

□ **Pancreas**（パンクリアス）

この膵臓ノゾーズはほかのレメディーと併用すると役立つでしょう。推奨ポーテンシーは30Cで、1日1回、7日間投与します。

【慢性型】

これは膵組織の線維性硬化を伴う可能性がありますが、ときどき急性型から移行します。

【臨床症状（慢性型）】

通常、食欲は維持され、過剰な食欲がみられる場合も少なくありません。しかし、それにもかかわらず、患畜は次第にやせていきます。口渇もひどくなります。特徴的な症状は灰色の大量の脂肪便です。腹痛があるかもしれませんが、一貫した症状ではありません。

【治療（慢性型）】

次のレメディーは、個々の症状に応じてどれも有用であることがわかっています。

□ **Iodum**（アイオダム）

このレメディーは激しい食欲があるにもかかわらず体重を増やすことができない場合と関係があります。被毛が乾いて荒れているやせた猫によく適応します。便は泡状で、脂肪球を含みます。リンパ節が通常より硬く小さくなることがしばしばあります。推奨ポーテンシーは30Cで、1日1回、14日間投与します。

□ **Silica**（シリカ）

線維組織の硬化が疑われる場合はこのレメディーが役立つはずです。瘢痕組織ないし線維組織を縮小するという当然の評価を得ています。推奨ポーテンシーは200Cで、1週間に2回、6週間投与します。

□ **Baryta-carb**.（バリュータカーブ）

これは高齢の猫に有用なレメディーです。しばしば扁桃組織が肥大し、嚥下困難をきたします。断続的に嘔吐があるかもしれません。6Cを1日2回、7日間投与します。

□ **Apocynum**（アポシナム）

通常このレメディーは、腹水など浮腫状態がみられるときに示唆されます。顕著な口渇がみられ、嘔吐がしつこく続くかもしれません。推奨ポーテンシーは30Cで、1日1回、14日間投与します。

□ **Phosphorus**（フォスフォラス）

通常このレメディーは、肝炎を伴う場合に示唆されます。便は粘土色でサゴ（顆粒）状です。食べ物や水を摂取後すぐもどします。口腔粘膜に小出血がみられるかもしれません。推奨ポーテンシーは200Cで、1週間に3回、4週間投与します。

(2) 内分泌機能（糖尿病）

高齢の猫、特に去勢した雄猫にときどき発症します。膵臓のインスリンを分泌する部分の機能不全を招き、糖や炭水化物の代謝に不可欠なこ

のホルモンの不足をきたすことがあります。

【症　状】

猫は、摂水と排尿の量がともに増えたということで来診するかもしれません。確定症例では一般に消耗をきたし、目のレンズの混濁（白内障）もたまに発生しますが、これは犬の場合よりまれです。

【治　療】

重症の場合は、インスリンの適切な投与によってその不足を克服する必要があります。軽症の場合は、食餌と膵機能全般の調整に役立つレメディーとを組み合わせると反応する可能性があります。たとえば次のようなレメディーがあります。

□ **Syzygium**（シジギウム）

このレメディーは膵臓に作用します。たとえば1～3Xのポーテンシーで、1日3回、21日間投与しましょう。これを2週間ほど間隔をあけて繰り返し、その後、反応をモニターする必要があるかもしれません。

□ **Uranium-nit.**（ウラニュームニット）

全身的な浮腫がみられ、やせている場合に、このレメディーの使用が示唆されます。排尿量が多く、粘膜は乾いています。腹部の膨隆が顕著です。推奨ポーテンシーは30Cで、1週間に3回、6週間投与します。

□ **Iris-versicolor**（アイリスバシュキュラー）

色の薄い軟便がみられる場合に示唆されます。膵臓に優れた作用を及ぼします。推奨ポーテンシーは30Cで、1日1回、14日間投与します。

第2章　呼吸器系の病気

　呼吸器系の病気の多くは、猫ウイルス性鼻気管炎やカリシウイルス感染症など、特定の病気の症状の一部です。したがって、それにふさわしい項目を参照する必要があります。次に挙げたのは、最もよくみられる非特異的疾患です。

1. 鼻　炎

　これは鼻粘膜の炎症を指しますが、単独の疾患として発生することはごくまれで、多くは特定の病気に併発します。

【原　因】
　炎症は通常何らかの刺激要因によって発生しますが、まもなく二次感染が起こり、分泌物の性質が変わります。二次感染には一般的にブドウ球菌や連鎖球菌が関与しています。

【臨床症状】
　常にみられる症状は鼻汁です。最初は漿液性の薄い鼻汁ですが、次第に粘液性となり、最後は粘液膿性に変わります。血液が筋状に混じっていることがあります。鼻汁が刺激性で、鼻腔の表皮剥離がみられることもあります。粘液膿性のしつこい鼻汁があると、鼻腔がつまり呼吸が妨げられます。

【治　療】

次のようなさまざまなレメディーがあります。

□ **Arsenicum**（アーセニカム）

　これは鼻汁が薄く、表皮剥離を起こす初期の段階に有用なレメディーです。また、目からも水様性の分泌物があり、水を少しずつ飲みたがるかもしれません。被毛は乾いて荒れていることがあります。症状は夜半に向けて悪化する傾向があります。推奨ポーテンシーは30Cで、1日1回、10日間投与します。

□ **Pulsatilla**（ポースティーラ）

　気性の穏やかな猫が気分のむらを示す場合、このレメディーに反応する可能性があります。鼻汁は濃く、無刺激性です。鼻腔の潰瘍と少量の筋状の血液がみられるかもしれません。推奨ポーテンシーは30Cで、1日1回、7日間投与します。

□ **Mercurius**（マーキュリアス）

　このレメディーに関係のある鼻汁は緑色を帯び、血液が混じっているかもしれません。しばしば鼻骨がはれています。症状は日没から日の出にかけて悪化します。推奨ポーテンシーは6Cで、1日3回、7日間投与します。

□ **Allium-cepa**（アリュームシーパ）

　鼻汁は薄く水様性で、くしゃみと流涙を伴います。推奨ポーテンシーは6Cで、1日3回、3日間投与します。

□ **Kali-iod.**（ケーライアイオド）

　これは鼻汁がつまり、くしゃみをしても通常効果がない場合に有用なレメディーです。流涙が顕著な症状です。推奨ポーテンシーは6Cで、1日3回、5日間投与します。

□ **Kali-bich.**（ケーライビック）

　鼻汁は山吹色で、丈夫なひも状の小さな栓子を形成します。しばしば筋状の血液がみられます。推奨ポーテンシーは30Cで、1日1回、10日間投与します。

☐ **Fluoric-acid.**（フルオリックアシッド）

　潰瘍など、鼻中隔に原因があると考えられる場合は、このレメディーが示唆されるかもしれません。推奨ポーテンシーは12Cで、1日2回、14日間投与します。

2. 鼻出血

　鼻からの出血が独立した症状としてみられることはまれですが、その場合はほとんどが機械的外傷によります。たまに、鼻甲介骨や上側の鼻粘膜の激しい炎症性病変に続いて起こることがあります。また、鼻腔に腫瘍があると出血をきたす場合がありますが、そのほかは特定の病気が原因です。

【治　療】
　次のレメディーは鼻出血の性質や全体的症状に応じて、どれも効果のあることがわかっています。

☐ **Aconite**（アコナイト）
　突発性の鮮紅色の出血に示唆されますが、その出血は厳しい寒さにさらされたことやショックが原因の可能性があります。推奨ポーテンシーは10Mで、1時間間隔で3回投与します。

☐ **Ficus-religiosa**（フィクスレリギオサ）
　このレメディーは出血一般に効果があるので、ほかの部位からの出血にも関係する可能性があります。推奨ポーテンシーは6Cで、1日3回、3日間投与します。

☐ **Phosphorus**（フォスフォラス）
　このレメディーは大量の流血ではなく、鼻粘膜の毛細血管からの出血に関係があります。推奨ポーテンシーは30Cで、1日3回、2日間投与します。

☐ **Crotalus-horridus**（クロタラスホリダス）
　この種のヘビ毒は出血を伴いますが、出血は鼻以外の開口部から起こ

る場合もあります。血液は凝固しない傾向があります。推奨ポーテンシーは200Cで、1日1回、5日間投与します。
☐ **Vipera**（バイペーラ）
　このレメディーにはCrotalus-horridusとやや似た作用がありますが、めまいを起こす傾向がより顕著です。推奨ポーテンシーは1Mで、1日1回、7日間投与します。
☐ **Melilotus**（メリロータス）
　血液は鮮紅色で、発熱を伴う可能性があります。多くの場合、血液は鼻孔で凝固します。推奨ポーテンシーは30Cで、1日1回、7日間投与します。
☐ **Ipecac**（イペカック）
　このレメディーも鮮紅色の出血と関係があります。通常、しつこい嘔吐などの消化管障害を伴うときに示唆されます。推奨ポーテンシーは30Cで、1日2回、5日間投与します。
☐ **Ferrum-phos.**（ファーランフォス）
　子猫の場合に示唆されることが多く、しばしば嚥下困難を伴い、おそらく発熱状態もみられます。推奨ポーテンシーは6Cで、1日3回、3日間投与します。

3．副鼻腔炎

　副鼻腔はときどき感染や炎症をきたし、化膿性物質がたまることがあります。不快な鼻汁が出るようになり、治療が難しい場合もありますが、次のようなレメディーが役立つ可能性があります。
☐ **Hepar-sulph**.（ヘパソーファー）
　副鼻腔部を圧迫すると痛みがある場合に示唆されます。低ポーテンシー（たとえば6C）は膿の排出を促し、高ポーテンシー（たとえば200C）は副鼻腔内面の肉芽形成を促進するでしょう。低ポーテンシーの場合は1日3回、高ポーテンシーの場合は1週間に3回4週間投与します。

□ **Silica**（シリカ）
　それほど過敏でない慢性状態に示唆されます。推奨ポーテンシーは200Cで、1週間に3回、4週間投与します。
□ **Hippozaeninum**（ヒポゼナイナム）
　このノゾーズは、ハチミツ色の粘着性の鼻汁がみられる慢性状態に有益であることがわかっています。推奨ポーテンシーは3Cで、1日1回、10日間投与します。
□ **Lemna-minor**（レムナミノー）
　鼻汁は非常に不快で汚く、頻繁にくしゃみをします。推奨ポーテンシーは6Cで、1日3回、5日間投与します。

4．扁桃炎

　扁桃組織の炎症はかなり一般的にみられ、急性と慢性があります。

（1）急性型
　これは感染と関係があり、主な原因は連鎖球菌ですが、特定のウイルスによることもあります。

【臨床症状】
　侵された組織は血液供給量が増えるために赤く腫脹し、灰色がかった壊死巣と泡沫状の滲出液がみられるかもしれません。ときどき壊死巣が融合して膜をつくり扁桃を覆うことがあります。食欲は一定しませんが、嚥下しようとすると常に不快感があります。唾液は漿液性の場合も粘液性の場合もあります。しばしば吐き気を伴い、過剰な粘液を吐出します。特に子猫の場合は、初期に体温が上昇するのが普通です。

【治　療】
□ **Aconite**（アコナイト）
　これはできるだけ早期に投与すべきで、そうすればおそらく合併症の

発症を抑えることができるでしょう。推奨ポーテンシーは10Mで、1時間間隔で3回投与します。

☐ **Merc-cyan.**（マークシアン）

一般に水銀系のレメディーは口と咽喉の病変に効果がありますが、このレメディーは特に咽喉の感染に役立つことが立証されています。推奨ポーテンシーは30Cで、1日2回、3日間投与します。

☐ **Phytolacca**（ファイトラカ）

扁桃組織が肥大し、咽喉が暗赤色に変色する場合に示唆されます。黄色がかった粘液とともに偽膜がみられるかもしれません。推奨ポーテンシーは6Cで、1日2回、3日間投与します。

☐ **Belladonna**（ベラドーナ）

これは最も有用なレメディーの1つで、Aconiteのあとに用いると、さらに効果が上がるように思われます。患畜の瞳孔は散大し、強い反跳脈があります。通常、体温は上昇します。推奨ポーテンシーは6Cで、1日3回、3日間投与します。

☐ **Rhus-tox.**（ラストックス）

扁桃部には大量の粘液があり、暗赤色を呈します。外からも咽喉の腫脹がわかるかもしれません。流涙や眼瞼の腫脹など、目の症状を伴う可能性があります。推奨ポーテンシーは1Mで、1日1回、14日間投与します。

☐ **Lachesis**（ラカシス）

このヘビ毒のレメディーは咽喉の病変によく使われます。扁桃組織は暗い青みがかった赤色ないし紫色を呈し、かなり腫脹します。症状は眠ると悪化するようにみえます。推奨ポーテンシーは12Cで、1日3回、5日間投与します。

(2) 慢性型

これは何か特定のウイルス性疾患の急性段階から回復した患畜に続発することがあります。扁桃は肥大します。一般に悪化の経過をたどりますが、軽い症状と重い症状が交互に現れます。

次のようなレメディーが役立つ可能性があります。

□ **Silica**（シリカ）

このレメディーは線維組織ないし瘢痕組織の吸収を促すほか、化膿傾向も抑えるでしょう。推奨ポーテンシーは200Cで、1週間に2回、6週間投与します。

□ **Baryta-carb.**（バリュータカーブ）

このレメディーは、非常に若齢か高齢の患畜に有益でしょう。扁桃組織の化膿傾向が顕著にみられます。推奨ポーテンシーは6Cで、1日3回、5日間投与します。

□ **Calc-iod**.（カルクアイオド）

このレメディーは、慢性扁桃炎で、肥大した扁桃に表在性潰瘍ができた場合にきわめて有用であることがわかっています。おそらく患畜はやせて被毛が乾いています。推奨ポーテンシーは30Cで、1日1回、10日間投与します。

□ **Hepar-sulph.**（ヘパソーファー）

扁桃にときどき化膿性炎がみられる場合に、このレメディーが役立つでしょう。咽喉に痛みがあり、外からの圧迫に敏感になります。推奨ポーテンシーは30Cで、1日1回、10日間投与します。

□ **Kali-bich.**（ケーライビック）

腫脹した扁桃が潰瘍化し、黄色い糸を引くような膿が出る場合に、このレメディーが示唆されます。扁桃組織は赤銅色を呈します。推奨ポーテンシーは200Cで、1週間に2回、6週間投与します。

□ **Streptococcinum**（ストレプトコカイナム）

このノゾーズは、上記のレメディーのどれとも効果的に併用できます。30Cを1日1回、5日間投与すると十分なはずです。

5. 喉頭炎

　これは細菌やウイルスの侵襲によって起こることも、ときにはほかの原因によって起こることもあります。重篤度はさまざまで、気道の閉塞のために致命的な場合もあります。

【臨床症状】
　飼い主が最初に気づくのは、猫が何かを咽喉につまらせたかのような音を出すことです。声が出なくなったり、声が変わったりします。喉頭部を圧迫されるのを嫌います。重症の場合は、口を開けたまま極度の呼吸困難を示します。

【治　療】
　猫を静かな場所に入れ、次のようなレメディーを検討しましょう。
□ **Aconite**（アコナイト）
　初期に投与すると症状が軽減し、病気の進行が止まるでしょう。推奨ポーテンシーは10Mで、1時間間隔で3回投与します。
□ **Belladonna**（ベラドーナ）
　興奮性、大脈の反跳脈、瞳孔散大を示す猫に示唆されます。推奨ポーテンシーは12Cで、1時間間隔で4回投与します。
□ **Apis**（エイピス）
　炎症が顕著な浮腫を伴う場合は、このレメディーが役立つはずです。患畜は口渇を示さず、暖かさを嫌います。推奨ポーテンシーは30Cで、1日3回、3日間投与します。
□ **Spongia**（スポンジア）
　激しいクループ性の咳の目立つ喉頭症状に示唆されます。粘液はみられません。呼吸するとヒューヒュー鳴る音がします。推奨ポーテンシーは6Cで、1日3回、7日間投与します。
□ **Drosera**（ドロセラ）
　痙攣性の咳がある場合に、このレメディーが示唆されます。しわがれ

声と粘着性の粘液が非常に顕著です。咳は吐き気と嘔吐を引き起こし、呼吸を大いに妨げます。推奨ポーテンシーは９Ｃで、１日３回、７日間投与します。

□ **Causticum**（コースティカム）

一過性の喉頭神経麻痺により声が出なくなった場合に示唆されます。咳が排尿を誘発するかもしれません。粘液が咽喉にたまり、なかなか吐き出すことができません。推奨ポーテンシーは30Ｃで、１日２回、10日間投与します。

□ **Rhus-tox.**（ラストックス）

喉頭が深紅色を呈し、緑がかった化膿性粘液を伴う咳がみられる場合に示唆されます。たまに喀痰に血液が混じります。全体的に動きが硬いかもしれません。推奨ポーテンシーは１Ｍで、１日１回、12日間投与します。

喉頭炎は、誤った治療を受けたり、治療しないでおくと慢性化することがあります。その特徴は喉頭組織の肥大で、しばしば偽膜が喉頭を覆います。喉頭の狭窄が起こるかもしれません。先に挙げたレメディーに加えて、次のレメディーも検討しましょう。

□ **Silica**（シリカ）

このレメディーは線維組織ないし瘢痕組織の治癒を促進し、感染が起きるのを防ぐはずです。推奨ポーテンシーは200Ｃで、１週間に２回、６週間投与します。

□ **Calc-fluor.**（カルクフロアー）

これは優れた一般的な組織レメディーで、治癒を助けるはずです。推奨ポーテンシーは30Ｃで、１週間に３回、４週間投与します。

□ **Baryta-mur.**（バリュータミュア）

通常、頸部に静脈瘤がみられる場合にこのレメディーが示唆されます。化膿傾向があります。推奨ポーテンシーは６Ｃで、１日３回、10日間投与します。

6. 気管支炎

これは季節と関係があり、1年の初めと終わりのころに多くみられます。

【臨床症状】

主な症状ないし徴候は咳ですが、その程度はいろいろです。

ときどき喘鳴が聞こえるかもしれません。一般的に食欲は維持され、発熱はほとんど、ないし全くありません。

【治　療】

□ **Bryonia**（ブライオニア）

このレメディーは休息すると症状が改善するときに示唆されます。患部を圧迫すると症状が軽減します。推奨ポーテンシーは6Cで、1日3回、7日間投与します。

□ **Kali-bich.**（ケーライビック）

これは、糸を引くような黄色い粘液が過剰に喀出されるときに有用なレメディーです。鼻汁を伴うかもしれません。推奨ポーテンシーは200Cで、1週間に3回、4週間投与します。

□ **Antim-tart.**（アンチモタート）

このレメディーは粘液性の喘鳴が顕著な症状をなすときに示唆されます。分泌液は泡沫状の粘液性です。推奨ポーテンシーは6Cで、1日2回、10日間投与します。

□ **Apis**（エイピス）

過剰な流動性粘液があり、それが喀出につながっていると思われる場合はこのレメディーが役立つでしょう。推奨ポーテンシーは6Cで、1日3回、10日間投与します。

□ **Spongia**（スポンジア）

これは高齢の猫で心臓障害の症状を伴う場合に有用なレメディーです。推奨ポーテンシーは6Cで、1日3回、10日間投与します。

□ **Rumex**（ルーメックス）

　これは Coccus-cacti の代替レメディーです。過剰な粘液があり、咳は夕方ないし夜間に軽減します。推奨ポーテンシーは６Ｃで、１日３回、10日間投与します。

□ **Squilla**（スキーラ）

　嘔吐などの胃の症状や反射性咳嗽がこのレメディーを示唆します。推奨レメディーは６Ｃで、１日３回、７日間投与します。

□ **Coccus-cacti**（コカスカクティ）

　初期段階に痙攣性の咳があり、夜間悪化します。推奨ポーテンシーは６Ｃで、１日３回、７日間投与します。

7．気管支拡張症

　これは気管支樹がその線維の緊張ないし弾力性を失い、異常に拡張した状態を指す言葉です。それによってポケットに液体が貯留し、それはやがて化膿性物質の受け皿になります。

　これはしばしば肺疾患に続発しますが、異物の吸入が原因となることもあります。原発性の場合は細菌性ないしウイルス性です。

【臨床症状】

　通常の前駆症状は持続的な咳で、最初は乾性の空咳ですが、まもなく湿性になり、患畜は多量の粘液膿性物質を喀出します。全体的な体調不良をきたします。

【治　療】

□ **Bryonia**（ブライオニア）

　このレメディーは初期の乾いた空咳の段階に役立つ可能性があります。患畜は動くのを嫌い、胸部を圧迫すると症状は軽減します。推奨ポーテンシーは６Ｃで、１日３回、３日間投与します。

□ **Antim-tart.**（アンチモタート）

初期段階で、滲出物が泡沫状になり喘鳴が聞こえるようになってから役立つレメディー。推奨ポーテンシーは30Cで、1日2回、5日間投与します。

□ **Hepar-sulph.**（ヘパソーファー）

このレメディーは化膿の初期段階に投与すると細菌の二次感染の危険性を制限するでしょう。推奨ポーテンシーは30Cで、1日2回、7日間投与します。

□ **Kali-bich.**（ケーライビック）

咳とともに黄色の糸を引くような粘り気のある粘液がみられる場合に示唆されます。推奨ポーテンシーは200Cで、1週間に3回、3週間投与します。

□ **Kreosotum**（クレオソータム）

長期的症例で、壊疽性病変の危険があるときに有用なレメディー。喀出物は極度に腐敗しており、血液の色を帯びていることもあります。推奨ポーテンシーは200Cで、1週間に3回、4週間投与します。

□ **Mercurius**（マーキュリアス）

このレメディーは、喀出物の色が黄色ではなく緑がかっているときに必要となる可能性があります。推奨ポーテンシーは6Cで、1日3回、10日間投与します。

第3章　肺および胸膜の病気

1. 肺水腫

　肺に水分が異常に貯留するもので、通常は慢性心疾患、特に僧帽弁機能不全に続発します。その場合、血液循環が弱まることで、肺静脈から肺組織に血漿が滲出します。

【臨床症状】
　著しい呼吸困難があり、湿った咳がほぼ常にみられます。猫は呼吸が楽になるように胸臥位で首を伸ばしているかもしれません。

【治　療】
□ **Apis**（エイピス）
　このレメディーは浮腫があるときには常に示唆されます。その吸収を促し、症状をある程度軽減するはずです。推奨ポーテンシーは6Xで、1日に3～4回、10日間投与します。
□ **Strophanthus**（ストロファンサス）
　この心臓レメディーは、心臓の活動を刺激するので、排尿を促し、水分の減少に役立つでしょう。推奨ポーテンシーは3Xで、1日2回、30日間投与します。
□ **Adonis**（アドニス）
　これは、弁機能不全が認められる場合の、最も優れた心臓レメディーの1つです。推奨ポーテンシーは3Xで、1日3回、30日間投与します。
□ **Crataegus**（クレティーガス）
　この心臓レメディーは心筋に作用し、収縮力を強め、血液の拍出量を

増やし、血液循環全体を刺激します。推奨ポーテンシーは3Xで、1日3回、30日間投与します。

□ **Carbo-veg.**（カーボベジ）

これは酸素供給を促進することで呼吸を助け、それによって症状を軽減する有用なレメディーです。推奨ポーテンシーは200Cで、1日1回、必要であれば7日間投与します。できれば夕方投与しましょう。

□ **Abrotanum**（アブロターナム）

このレメディーは一般的に滲出をきたす状態に役立つという評価を得ています。したがって、ほかのレメディーが役立たないと思われたときに、予備のレメディーとして検討する価値があります。推奨ポーテンシーは6Xで、1日3回、14日間投与します。

2. 肺気腫

肺胞が弾力性を失い、拡張し、正常な大きさに戻ることができない場合に、気腫の状態が存在するといいます。重症の場合には、肺胞壁が破壊され、空気が周囲の組織に漏れることがあります。

常に、気管支炎や気管支拡張症など、何らかの慢性呼吸器障害に続発します。

【臨床症状】

見るからに息を吐くことが困難で、呼吸は強制的な腹部の運動を伴う可能性があります。全体的に呼吸がよくできません。

【治　療】

□ **Lobelia-inf.**（ロベリアインフ）

このレメディーは、肺胞壁の病変がまだ慢性になるほど進んでいない、機能的な肺気腫の治療に有用であることがわかっています。推奨ポーテンシーは30Cで、1日2回、14日間投与します。

□ **Antimonium-ars.**（アンチモニュームアース）
　これは、右よりも左の肺のほうが侵され方がひどいことが検査でわかった場合に有用なレメディーです。推奨ポーテンシーは30Cで、1日2回、10日間投与します。
□ **Carbo-veg.**（カーボベジ）
　このレメディーは空気飢餓感に役立つ能力によって酸素の供給を助けます。特に、夜間の症状を軽減するでしょう。推奨ポーテンシーは200Cで、毎日夕方1回、必要に応じて投与を続けます。

　上記のレメディーは、肺胞の損傷が部分的に止まっている機能的な肺気腫に対するものです。肺胞壁の緊張ないし弾力性が完全に失われる器質的な肺気腫の場合は、このような治療に反応する可能性は低いでしょう。

3. 肺　炎

　肺組織の炎症は、猫ではそれほど一般的ではありませんが、ウイルス性肺炎のようなさまざまなウイルス性疾患が原因となって発生することがあります。ウイルス感染に続いて、さまざまな細菌による二次感染がときどき起こります。

【臨床症状】
　猫は不安な表情をし、呼吸数が増え、一般的には体温が上昇します。全体的に不安な様子で、じっと立っている傾向があります。座るときは、呼吸が楽になるように基本的に胸臥位をとり、口を開けています。

【治　療】
□ **Aconite**（アコナイト）
　このレメディーは症状が現れたらできるだけ早く投与すべきです。推奨ポーテンシーは10Mで、1時間ごとに3回投与します。

第3章 肺および胸膜の病気

□ **Antim-tart.**（アンチモタート）

　気管支肺炎の状態で、多量の粘液がありそれが喀出されるときに非常に有用なレメディー。推奨ポーテンシーは30Cで、1日2回、7日間投与します。

□ **Bryonia**（ブライオニア）

　休むと症状が明らかに改善し、動くのを嫌うときに、このレメディーを検討する必要があります。胸部を圧迫すると症状が軽減します。推奨ポーテンシーは6Cで、1日3回、7日間投与します。

□ **Arsenicum-iod.**（アーセニカムアイオド）

　それほど重くない症例、あるいは再発性の症例に有用なレメディー。通常、皮膚が乾燥しています。推奨ポーテンシーは12Cで、1日2回、7日間投与します。

□ **Ferrum-phos**.（ファーランフォス）

　猫は息を吸うときに痛みと不安の症状を示します。咽喉に多量の粘液があり、咳をすると、さび色の痰を喀出することがあります。推奨ポーテンシーは12Cで、1日3回、5日間投与します。

□ **Lycopodium**（ライコポーディウム）

　高齢のやせた猫で、症状が午後遅くに悪化する場合に有用なレメディー。推奨ポーテンシーは12Cで、1日3回、7日間投与します。

□ **Phosphorus**（フォスフォラス）

　このレメディーは、呼吸が速く、血液の混じった粘液を喀出する場合に役立つ可能性があります。たまに、乾性の空咳の場合もあります。これは神経質で敏感な患畜に有用なレメディーです。推奨ポーテンシーは30Cで、1日2回、10日間投与します。

4. 胸膜炎

胸膜の炎症は、乾性の場合も、胸膜腔に滲出液を伴う場合もあります。通常、気道感染に続発します。

【臨床症状】

不安の症状が認められ、腹式呼吸が顕著です。片側だけが侵されている場合は、そちら側を下にして横たわろうとします。猫が座位をとる場合は、両側が侵されていることを示唆します。体温は105°F（約40.5℃）くらいまで上がります。胸膜腔に滲出液が現れはじめると、痛みの症状は消失します。

【治 療】

全体的な症状に応じて、次のようなレメディーが必要になる可能性があります。

☐ **Aconite**（アコナイト）

このレメディーは常に早期に投与する必要があります。10Mのポーテンシーを使い、1時間ごとに3回投与します。

☐ **Belladonna**（ベラドーナ）

患畜が異常に熱く感じられるときに有用なレメディー。瞳孔散大と神経症状を示します。推奨ポーテンシーは200Cで、1時間ごとに3回投与します。

☐ **Bryonia**（ブライオニア）

これは乾性胸膜炎で、休むと症状が改善し動くのを嫌う場合に検討すべき主なレメディーの1つです。胸膜部を圧迫すると症状が軽減します。推奨ポーテンシーは6Cで、1日3回、7日間投与します。

☐ **Arsenicum**（アーセニカム）

高齢の猫で、特に症状が夜半に向けて悪化し、少量の水をほしがる場合に、このレメディーが役立つ可能性があります。また、落ち着きのなさもこのレメディーの特徴です。推奨ポーテンシーは30Cで、1日2回、

10日間投与します。

5. 膿胸ないし化膿性胸膜炎

　これは胸膜腔に化膿性物質が貯留する胸膜炎を指します。年齢や種類を問わず、あらゆる猫にみられます。猫ウイルス性鼻気管炎や猫伝染性腸炎など、さまざまなウイルス感染症に続発することが知られています。肺に寄生虫が感染すると膿胸になりやすくなることがときどきあります。

【臨床症状】
　たまに甚急性の経過をたどり、症状がほとんど、あるいは全く認められずに死に至ることがあります。軽症の場合は無気力や抑うつ状態を示し、動くのを嫌がります。また、呼吸数が上がります。脈は弱く糸状になるかもしれません。猫は胸臥位をとり、動かされないかぎり、この姿勢を続けます。

【治　療】
　次のようなレメディーを試してみましょう。
□ **Aconite**（アコナイト）
　できるだけ早く投与すべきで、ストレスと不安を軽減するでしょう。10Мを1時間ごとに3回投与します。
□ **Bryonia**（ブライオニア）
　これは、患畜が動くのを嫌がるときに検討すべき、おそらく最適のレメディーです。目安となるのは胸膜部を圧迫すると症状が軽減することです。推奨ポーテンシーは6Сで、1日3回、8日間投与します。
□ **Hepar-sulph.**（ヘパソーファー）
　胸膜腔に化膿性物質が貯留している場合には、このレメディーが役立つ可能性があります。たとえば胸膜部を圧迫すると、（Bryoniaとは逆に）痛みの症状がみられることがあります。推奨ポーテンシーは30Сで、1日2回、7日間投与します。

□ **Silica**（シリカ）

軽症あるいは長期に及ぶ症例は、このレメディーに反応する可能性があります。化膿性物質を消失させ、胸膜腔の治癒を促進するでしょう。推奨ポーテンシーは200Cで、1週間に2回、4週間投与します。

□ **Pyrogen**（パイロジェン）

このレメディーは、高体温と弱い糸状脈というように、脈拍と体温との間に食い違いがみられる場合に役立つでしょう。このような症状の食い違いを示す敗血症状態には常に示唆されますが、症状の組み合わせが逆の場合にも同様です。推奨ポーテンシーは1Mで、1時間ごとに4回投与します。

第4章　神経系の病気

　犬に比べて猫ではそれほど一般的ではありませんが、程度のさまざまな神経障害を伴う機能障害をきたすことがたまにあります。協調運動障害や程度のさまざまな運動失調、てんかん様発作などが観察されてきました。

1. てんかん

　これは単発性発作ないし失神から規則性のない再発性発作まで、さまざまな状態を含みます。運動過多から意識喪失まで多様な臨床症状を呈します。意識喪失から回復した患畜は放心状態で、触っても、あるいは周囲の環境にも反応しません。チアミンが足りない餌で飼われた猫では、発作の多くがチアミン欠乏症と関係があることが確認されています。缶詰の餌の与えすぎが原因の場合もあるという専門家もいます。

【治　療】
　次に挙げたレメディーは、大半の症例で病態のコントロールに役立つでしょう。しかし、治療に反応しない患畜も少なからずいること、そして病態自体が本質的に非常に予測しがたいこともわかるでしょう。
□ **Belladonna**（ベラドーナ）
　これは検討すべき主要レメディーの1つで、意識不明、瞳孔散大、拍動性の脈がみられる場合に示唆されます。推奨ポーテンシーは200Cから1Mで、1時間ごとに3回投与すると効果があるはずです。
□ **Cocculus**（コキュラス）
　このレメディーは、長期的症例や発作が旅行や非日常的な動きに関

連して起こる場合に役立つはずです。推奨ポーテンシーは6Cで、急性の場合には頻繁に3〜4回投与すると有益でしょう。長期治療を行うと、たとえば毎日1回21日間投与すると再発防止に役立つでしょう。

☐ **Cicuta**（シキュータ）

この毒ゼリのレメディーは患畜が異常な首の症状、たとえば頭を後ろに曲げたり側方偏位を示したりする場合に役立ちます。30Cのポーテンシーで、毎日1回、10日間投与すると役立つでしょう。

☐ **Stramonium**（ストラモニューム）

発作が起きる前に片方の側、特に左側に倒れる場合に検討すべきレメディー。推奨ポーテンシーは30Cで、毎日1回、7日間投与します。

☐ **Agaricus**（アガリカス）

発作が起きる前、あるいは発作の後に協調運動障害が起こり、（酩酊歩行のような）ひどくよろめくような動きをきたします。6〜30Cのポーテンシーで、1日2回の頻度で投与します。

☐ **Plumbum**（プランバン）

多くの重金属がさまざま脳障害に関係しますが、このレメディーは患畜が筋肉脱力を示し、皮膚や粘膜が青みがかった灰色を呈する発作の治療に使われ成果を上げてきました。推奨ポーテンシーは30Cで、毎日1回、21日間投与します。

☐ **Cuprum**（キュープロム）

この金属は、随伴症状として動きが拘束ないし限定される場合に役立つことがわかっています。推奨ポーテンシーは6Cで、1日3回、14日間投与します。

全体的な症状に応じて検討すべきそのほかのレメディーとしては、Absinthum（アブシンサム）6C、Nat-sulph.（ナットソーファー）200C、Bufo（ブーフォ）30C、Opium（オピウム）30C、Tarentula-hispanica（タランチュラヒスパニカ）30Cなどがあります。マテリア・メディカを参照して症状像を十分に理解してからどれを選ぶか決めましょう。

2. 脳卒中

　この症候群は高齢の猫にたびたびみられますが、その原因は程度のさまざまな動脈血栓症だと考えられています。

【臨床症状】

　常に突然発症し、程度のさまざまな運動障害を引き起こす可能性があります。たとえば、顔や頭部の筋肉麻痺から片麻痺などさらに広範囲に及ぶこともあります。軽症の場合は、協調運動障害やどちらかの側への旋回傾向以外ほとんど症状がみられないこともあります。視力障害が、斜視、あるいは一方の瞳孔が散大し他方が収縮するなど瞳孔の動きの不一致として現れるかもしれません。

【治　療】

　検討すべき有用なレメディーがたくさんありますが、そのなかでも主なものを挙げておきます。

□ **Aconite**（アコナイト）

　通常、突然発症した場合に最初に必要になるのがこのレメディーで、ショックをすばやく緩和し、ほかのレメディーの働きを助けるでしょう。たとえば10Mのような高ポーテンシーを使い、30分間隔で投与を繰り返しましょう。

□ **Opium**（オピウム）

　これは、意識を失い、瞳孔が収縮し、呼吸が荒くゼーゼーという音をたてる脳卒中症候群に対する主要レメディーの1つです。回復したときに極度の嗜眠状態を伴います。推奨ポーテンシーは200Cで、2時間間隔で投与を繰り返します。

□ **Conium**（コナイアム）

　このレメディーには高齢の猫に対する有益な作用があります。顕著な適応症状は回復後の後肢の脱力です。推奨ポーテンシーは30Cで、毎日1回、10日間投与します。

□ **Bufo**（ブーフォ）

このレメディーが示唆されるのは、しばしば痙攣発作とともに鼻出血がみられる場合です。雑音や光は症状を悪化させます。発作が起こる前に、頭を後方ないし片側に引くことがあります。推奨ポーテンシーは30Cで、1日2回、10日間投与します。

□ **Arnica**（アーニカ）

脳卒中も結局ある種の外傷だと考えれば、この一般的なレメディーも忘れてはなりません。推奨ポーテンシーは200Cで、1日1回、3日間投与します。

3. 歩行運動失調症（脊髄癆）

この状態は後肢の脱力として現れ、高齢の猫ではたまに協調運動障害もみられます。原因は中枢神経系の障害のこともあり、椎間板の障害など脊髄のどこかの損傷に関係することもあります。

【臨床症状】

よろめき歩行ないし不安定歩行が明瞭で、やがて階段が昇れなくなったり、運動ができなくなったりします。さまざまな種類の通常より大きな動作がみられるかもしれません。

【治　療】

次のようなレメディーを検討しましょう。

□ **Conium**（コナイアム）

後肢の脱力が顕著な場合に、このレメディーが重要になります。弱った筋肉を強めるので、患畜はより動けるようになるでしょう。30Cから10Mまで、さまざまなポーテンシーが必要になるかもしれません。

□ **Agaricus**（アガリカス）

通常より歩行動作が大きい場合は、このレメディーが役立つはずです。その動きは酩酊歩行にたとえられてきました。一般的に、めまいを

感じてよろめきますが、痙攣はありません。推奨ポーテンシーは30Cで、1日1回、10日間投与します。
□ **Lathyrus**（ラセラス）
　このレメディーを示唆する症状は、さまざまな運動神経麻痺です。たとえばConiumなど、より適合すると思われるレメディーが役立たなかった場合に効果を発揮する可能性があります。200Cを1週間に3回、4週間投与します。
□ **Causticum**（コースティカム）
　高齢の猫が坐骨神経や橈骨神経など特定の神経を侵され局所麻痺を示す場合に役立つレメディー。
□ **Gelsemium**（ジェルセミューム）
　このレメディーは筋神経系の全般的な衰弱を示す軽症の症例に役立つ可能性があります。大きな神経幹よりも小さな末梢神経のほうが比較的よく侵されます。推奨ポーテンシーは200Cで、1週間に3回、3週間投与します。

4．橈骨神経麻痺

　猫では前肢の橈骨神経の損傷は珍しくありません。肩部ないし腋窩部にある橈骨神経が分枝する部分の損傷が原因です。

【臨床症状】
　前肢が垂れ下がり、そのため足は拳を握ったような格好になって地面の上を引きずるようになります。全体的には片方の脚が長くなったようにみえます。

【治　療】
　神経の損傷の程度によって治療が成功することも成功しないこともあります。予後診断は慎重に行う必要があります。損傷が軽い場合は次のようなレメディーのどれかに反応する可能性があります。

□ **Plumbum**（プランバン）

　おそらくこれは最初に用いるべき最も有用なレメディーで、効を奏した例がたくさんあります。推奨ポーテンシーは30Cで、毎日1回、3週間投与します。

□ **Lathyrus**（ラセラス）

　このレメディーも運動神経麻痺の治療によい評価を得ており、上記のレメディーが効を奏さなかった場合に検討しましょう。推奨ポーテンシーは200Cで、1週間に3回、4週間投与します。

□ **Causticum**（コースティカム）

　'疲れきった'様子で全体的に弱っている高齢の猫により適しています。患畜は通常寒がりで、冷たい風やすきま風の影響を受けやすい傾向があります。推奨ポーテンシーは30Cで、毎日1回、14日間投与します。

□ **Gelsemium**（ジェルセミューム）

　軽症で、付随する小さな神経も損傷を受けている場合は、このレメディーが役立つはずです。全体的な症状像は衰弱と疲労です。推奨ポーテンシーは200Cで、1週間に3回、4週間投与します。

□ **Angustura-vera**（アンガステューラベラ）

　これは、それほど知られていないレメディーですが、下肢と足の神経に作用し、補助レメディーとして使える可能性があるので覚えておきましょう。推奨ポーテンシーは30Cで、毎日1回、10日間投与します。

5. 脊髄炎

　これは脊髄実質の炎症を意味します。その原因は特定のウイルスなど感染物質の場合もあります。

【臨床症状】

　運動神経路も感覚神経路もどちらも損傷を受ける可能性があり、さまざまな症状を招きます。たとえば、四肢や尾の感覚喪失や、大きな損傷を受けた場合は対麻痺をきたすこともあります。歩行に変化が現れ、膀

脱や腸管の機能が制御できなくなるかもしれません。

【治　療】
　次のレメディーは、程度はさまざまですがどれも成果を収めてきました。まだそれほど病状が進んでいない場合は心強い結果が得られるはずです。

□ **Conium**（コナイアム）
　このレメディーは軽度の運動失調から対麻痺に至るさまざまな後肢の脱力を示す症例にほぼ特異的に作用します。その場合、病気は徐々に上方に進行します。30Cから10Mの間のポーテンシーが必要になるかもしれません。

□ **Lathyrus**（ラセラス）
　このレメディーを示唆する症状は特にさまざまな種類の運動神経麻痺ですが、このレメディーは後肢だけでなく、ほかの部位にも関係します。推奨ポーテンシーは200Cで、1週間に3回、4週間投与します。

□ **Gelsemium**（ジェルセミューム）
　さまざまな神経路に全般的な衰弱がみられる軽症の症例にこのレメディーが役立つはずです。一般的な特徴は疲労です。30Cから200Cの間のポーテンシーを毎日1回、10日間投与し、その後は1週間に3回、3週間投与します。

□ **Silica**（シリカ）
　神経鞘が硬くなったり、その疑いがある場合は、このレメディーが役立つ可能性があります。特にやせた猫あるいは明らかに栄養状態がよくない猫の治療に示唆されます。推奨ポーテンシーは200Cで、1週間に3回、6週間投与します。

6. 自律神経障害（キー・ガスケル症候群）

　この猫の神経疾患は、幸いにも数年前に比べて少なくなりました。原因ははっきりしませんが、症状自体は自律神経系の失調と関係があり、交感神経および副交感神経の失調をきたします。臨床症状としては、瞳孔散大のほか、腸管運動とともに食道の働きも不活発になるので嚥下困難をきたします。

☐ **Gelsemium**（ジェルセミューム）
　200C を 1 日 1 回、10 日間。

☐ **Opium**（オピウム）
　200C を 1 週間に 2 回、3 週間。

☐ **Atropinum**（アトロピナム）
　6C を 1 日 3 回、7 日間。

第5章　心臓血管系の病気

1. 心　臓

　心機能の異常は（犬に比べて）猫では特に一般的な病気ではありません。おそらく最もよくみられる疾患は弁膜症ないし弁不全です。この病態の外部徴候は無気力と食欲不振に限られるので、鑑別診断は専門的検査による必要があるかもしれません。

【治　療】
　次のレメディーは心臓弁膜症に効果のあることが確かめられています。
□ **Lycopus**（ライコポス）
　頻脈性不整脈があり、脈拍は大きく感じられます。顕著な息切れがみられます。推奨ポーテンシーは3Xで、1日2回、30日間投与します。
□ **Adonis**（アドニス）
　これは心臓弁膜症の最も優れたレメディーの1つです。排尿量が減り、尿にはアルブミンと円柱が含まれます。心臓の活動は亢進します。推奨ポーテンシーは1〜2Xで、1日3回、21日間投与します。
□ **Convallaria**（コンバラリア）
　脈拍は大きく、とぶことがあり、患畜は動くのを嫌います。推奨ポーテンシーは2Xで、1日3回、21日間投与します。
□ **Lilium-tig.**（リリアンティグ）
　脈拍が小さく、速く、弱いときにこのレメディーが示唆されます。少し動いただけでも状態が悪化します。このレメディーは、雄よりも雌によく効くことがときどきあります。推奨ポーテンシーは3Cで、1日2回、30日間投与します。

2. 動脈血栓症

　動脈系のさまざまな部位の血栓が猫では珍しくありません。この問題の原因は必ずしも明確ではありませんが、何らかの血液の先天的異常による可能性があります。しばしば突然発症します。非常に若齢ないし高齢の猫にはあまり起きません。

【臨床症状】
　どこの動脈が侵されたかによって症状は異なりますが、一般に患畜は虚脱状態を示し、患部の痛みないし不快感の徴候を伴います。可視粘膜は蒼白になりますが、重症の場合はチアノーゼを起こします。呼吸困難が顕著です。最も発生しやすい部位の１つは腸骨部で、腸骨動脈ないし大腿動脈の閉塞をきたし、その部位の脈拍が触知できなくなります。また、腹筋の腫脹と痛みも、この血栓症の特徴です。

【治　療】
　ホメオパシーは、この痛ましい病態に対して通常医学より多くのことができます。検討すべきレメディーのなかでも主なものは、次のような種々のヘビのレメディーです。
□ **Crotalus-horridus**（クロタラスホリダス）
　このレメディーが血栓部の回復に役立つことは、いろいろな動物で証明されています。10Ｍのような高いポーテンシーで、１日２回、５日間投与する必要があります。このレメディーが示唆されるときには皮膚が黄色っぽく変色しているかもしれません。
□ **Bothrops-lanceolatus**（ボスロプスランセオラータス）
　いろいろな開口部からの出血を伴う場合に、このレメディーが示唆されます。どちらかというと、脳出血／血栓など腸骨部以外の血栓に示唆されます。推奨ポーテンシーは200Cで、１日３回、５日間投与します。
□ **Lachesis**（ラカシス）
　この特殊なヘビ毒レメディーが示唆される場合は、患部が紫色ないし

青色を帯び、たいてい身体の左側に限定されます。顕著な腫脹など、咽喉の症状がみられることがあります。推奨ポーテンシーは30Cで、1日2回、10日間投与します。

□ **Vipera**（バイペーラ）

この黄色いバイパーの毒は、患部の麻痺が認められる場合に検討する必要があります。患部の痛みが顕著です。推奨ポーテンシーは1Mで、1週間に3回、4週間投与します。

□ **Secale**（セケイリー）

これは腸骨動脈ないし大腿動脈血栓の治療に続いて検討すべきレメディーで、血栓が除去されたあとに脚や足の血行を促進するでしょう。推奨ポーテンシーは200Cで、1週間に3回、4週間投与します。

第6章　泌尿器系の病気

　腎臓や膀胱の病気は特に高齢の猫によくみられますが、さまざまな型があります。雄も雌も同じようにかかります。腎臓疾患が治療に反応しない場合は、やがて血尿をきたし、腎組織はもはや血液から老廃物を分離できなくなります。

1．間質性腎炎

（1）急性型

　これはウイルス感染の続発症として、あるいは細菌感染によって起こります。

【臨床症状】

　急激に発症し、最初に食欲不振と抑うつがみられます。患畜は口渇を示し、嘔吐があるかもしれません。初期には通常体温が上がります。腰部に圧痛があり、背中を丸めています。顕著な硬直歩行がみられます。排尿量が減ります。

【治　療】

　次に挙げるものを含め、この病態の治療に用いられる有用なレメディーがたくさんあります。

□ **Aconite**（アコナイト）

　これは常にできれば初期段階に投与すべきレメディーです。病気に伴う恐怖や苦痛をすばやく軽減するでしょう。推奨ポーテンシーは 10 M で、1時間ごとに3回投与します。

□ **Apis**（エイピス）

これは急性症例に最も有用なレメディーで、患畜は口渇をみせず、暑さを嫌います。このレメディーは排尿を促進し、満足感をもたらすでしょう。推奨ポーテンシーは 10 M で、1 時間ごとに 4 回投与します。

□ **Arsenicum**（アーセニカム）

このレメディーを示唆する症状は落ち着きのなさと水を少しずつ飲むことです。症状は夜半に向かって悪化します。嘔吐やたまには下痢が症状の特徴をなすことがあります。推奨レメディーは 1 M で、1 日 3 回、3 日間投与します。

□ **Belladonna**（ベラドーナ）

猫は中枢神経障害の徴候を示し、瞳孔散大、体温上昇を伴うでしょう。排尿量が減り、尿は赤褐色になります。推奨ポーテンシーは 200C で、1 日 2 回、4 日間投与します。

□ **Cannabis-sativa**（カナビスサティーバ）

このレメディーが関係するのは、尿意が頻繁にあるものの、ほとんど排尿されない場合です。尿は粘液と膿、そしておそらく血液も含むでしょう。猫は痛くて悲鳴を上げるかもしれません。推奨ポーテンシーは 30C で、1 日 3 回、3 日間投与します。

□ **Chimaphilla**（キマフィラ）

尿は量が少なく、黒ずんで、沈殿物を含みます。症状は患畜が歩き回ると軽減します。推奨ポーテンシーは 30C で、1 日 3 回、5 日間投与します。

□ **Berberis-v.**（バーバリスブイ）

背中を丸め、腰部に顕著な圧痛がある場合に、このレメディーを検討します。症状は動くと悪化します。尿の色は深い黄色で、それはこのレメディーのプルービングに現れる肝臓障害を示唆します。推奨ポーテンシーは 30C で、1 日 3 回、7 日間投与します。

□ **Terebinthina**（テレビンシーナ）

不安な症状は動くと消えます。尿意が頻繁にあり、尿には血液が混じり、やや甘いにおいがします。推奨ポーテンシーは 200C で、1 日 2 回、

7日間投与します。

☐ **Urtica-urens**（アーティカウーレン）

このレメディーは排尿を促し、有毒物質の除去に役立ちます。皮膚に蕁麻疹様病変が現れるかもしれません。推奨ポーテンシーは6Xで、1日3回、10日間投与します。

☐ **Eel-serum**（イールシーラム）

ウナギの血清は腎組織に顕著な作用を及ぼします。急性の尿閉に示唆され、良好な排尿を促します。尿中のアルブミンは増えます。推奨ポーテンシーは30Cで、1日3回、3日間投与します。

(2) 慢性型

これは進行性の病態で、猫が老いると、特に12歳を越すと、さまざまな病変があらゆる種類の猫にみられます。

【臨床症状】

口内炎を伴う、進行性の体重減少が起こります。嘔吐が起こり、口渇があります。排尿量が増え、尿は色が薄く水っぽくなります。尿の比重は腎組織のなかに固形物がとどまるのを反映して小さくなります。脱水症は一貫した特徴で、被毛は荒く乾いています。ときどき湿疹病巣が散在的にみられます。

【治　療】

次に挙げたのは特に重要なレメディーです。

☐ **Arsenicum**（アーセニカム）

猫が過度の脱水症状を示し、口渇があり、被毛が乾いて逆立っているときに用いるべきレメディー。さまざまな部位にかゆみがあります。症状は夜半に向けて悪化します。推奨ポーテンシーは30Cで、1日3回、10日間投与します。

☐ **China-sulph**.（チャイナソーファー）

過剰な排尿があり、尿は色が薄く水っぽく、すえたにおいがします。

顕著な皮膚発疹がみられることがあるほか、たまに腹部が膨隆します。推奨ポーテンシーは6Cで、1日3回、14日間投与します。

□ **Colchicum**（コルチカム）

尿は暗褐色になり排尿量が増えるとともに、関節が硬直して動きたがりません。顕著な鼓腸がみられるかもしれません。推奨ポーテンシーは30Cで、1日3回、14日間投与します。

□ **Nat-mur.**（ネイチュミュア）

このレメディーの大特徴は過度の排尿量と排尿頻度で、それはしばしば夜間に悪化します。表在性潰瘍や疱疹というかたちで口の病変がよく起こるほか、咳をして痰を出そうとしたり、咽喉をこすったりします。このレメディーについては大半の猫がさまざまなポーテンシーによく反応することを示す臨床記録があり、おそらく検討すべき最善のレメディーの1つです。推奨ポーテンシーは200Cで、1週間に3回、4週間投与したあと、10MとCMを同様に投与します。

□ **Merc-co.**（マークコー）

排尿量が増えるとともに息みがあり、おそらくさらに粘液性下痢もみられる場合に有用なレメディー。症状は日没から日の出にかけて悪化します。推奨ポーテンシーは30Cで、1日3回、7日間投与します。

□ **Phosphorus**（フォスフォラス）

このレメディーは腎組織に有益な作用を及ぼします。排尿量が増えます。歯肉に小出血がみられるかもしれません。食べ物や水を摂取するとすぐに嘔吐します。推奨ポーテンシーは30Cで、1日2回、7日間投与します。

2. 腎盂腎炎

この病態は何らかの尿路障害があると発生することがあり、尿中に血液や膿が混じるようになります。ときどき特定の細菌が原因となり、その場合には二次性膀胱炎がみられるかもしれません。雄よりも雌に多くみられます。まだそれほど進行していない場合は、次のようなレメディ

ーがよい結果をもたらす可能性があります。

□ **Hepar-sulph.**（ヘパソーファー）

これは化膿性感染に対する主要レメディーの1つです。治療にはいくつかの異なるポーテンシーを用いる必要があるかもしれません。その場合、最初に30Cを1日1回、7日間投与し、続いて200Cを週3回、4週間投与します。

□ **Merc-co.**（マークコー）

通常、このレメディーが示唆されるときには、粘液と血液の混じった下痢などの腹部症状があり、それは夜間に悪化します。尿は膿が混じり緑がかった色になります。推奨ポーテンシーは30Cで、1日3回、7日間投与します。

□ **Pareira**（パレーラ）

激しい息みを伴い、尿道から粘液と膿が出る場合に、このレメディーが示唆されます。腎臓部に圧痛があります。尿は強いにおいを放ち、排尿しようとするとき猫は顕著なうずくまり姿勢をとります。推奨ポーテンシーは6Cで、1日3回、10日間投与します。

□ **Uva-ursi**（ウヴァウルシ）

このレメディーに関係する尿には強いにおいがあり、全血が混じります。尿は暗緑色を帯び、この場合も顕著な息みがあります。推奨ポーテンシーは6Cで、1日1回、10日間投与します。

□**E-coli**（イーコライ）

大腸菌が腎盂腎炎を引き起こすことがときどきありますが、その場合はこのノゾーズを使うのが適当です。30Cを毎日1回、5日間投与しますが、上記のレメディーのどれとも安全に併用できます。

3. ネフローゼ

これは腎臓の尿細管が変性や壊死をきたすことや、さまざまな沈着物によってそれが詰まることを指します。

通常さまざまな毒素が関係しますが、主なものは化学物質や感染した

創傷ないし火傷の副産物です。

【臨床症状】

初期には排尿量が著しく減少しますが、尿細管が結晶円柱で閉塞してしまうような重症の場合は完全な尿閉をきたす可能性があります。初期段階は短く、まもなく排尿量が増加し、尿中に血液細胞と蛋白円柱がみられるようになります。この病気の診断は大部分が尿検査によりますが、比重その他を調べると問題の性質が正確にわかるでしょう。

【治 療】

この病気の場合、腎組織に作用するとともに根本体質レメディーとしても優れたレメディーを重視します。その主なものを挙げておきます。

☐ **Plumbum**（プランバン）

この金属は腎組織に破壊的作用を及ぼすので、ポーテンタイゼーションしてから用いると、それ以上の変性を防ぐ効果が期待できるはずです。このレメディーが示唆される場合は、しばしば対麻痺傾向と筋肉の萎縮を伴います。推奨ポーテンシーは30Cで、1日2回、14日間投与します。

☐ **Phosphorus**（フォスフォラス）

この元素にも実質組織に対する破壊的作用があって壊死をきたすとともに、全身症状として嘔吐および毛細管出血を引き起こします。推奨ポーテンシーは30Cで、1日2回、14日間投与します。

☐ **Solidago**（ソリデイゴ）

これは尿中に多くの沈殿物が含まれ、こげ茶色がかった赤色を呈する初期の変性段階に有用なレメディーです。尿中にリン酸塩が含まれます。このレメディーは雌よりも雄によく効くように思われます。推奨ポーテンシーは6Cで、1日3回、14日間投与します。

☐ **Thuja**（スーヤ）

これはこの病気に対する優れた根本体質レメディーです。尿は泡状で、混濁がみられます。猫は膀胱部をなめるなど痛みの症状を示します。尿が滴り落ちます。推奨ポーテンシーは6Cで、1日3回、14日間投与

します。

□ **Arsenicum**（アーセニカム）

　これもまた被毛が脱水症状を呈し、下痢と皮膚炎を伴う場合にすぐれた根本体質レメディーです。推奨ポーテンシーは6Cで、1日3回、10日間投与します。

□ **Merc-co.**（マークコー）

　皮膚の潰瘍性病変とともに粘液と血液の混じったネバネバした下痢のみられる猫に、このレメディーが役立つでしょう。このレメディーには腎実質に対する顕著な作用があります。推奨ポーテンシーは6Cで、1日3回、10日間投与します。

4. 尿路結石症

　これは根本体質的問題で、最終的には腎盂や膀胱に砂状あるいは礫状の物質が形成されて沈殿し、やがてそれが結合して石ないし結石になります。結石は膀胱によくみられますが、雌よりも雄に多く発生します。

　結石の大部分はリン酸塩からできており、通常アルカリ尿が原因です。アルカリ尿は泌尿器感染を起こりやすくします。最もよくみられるのはリン酸塩結石で、シスチン結石や尿酸塩結石などそのほかの結石はそれほど多くありません。また、遺伝的欠陥が原因で特定の種類の猫により多くみられます。

【臨床症状】

　通常、最初に観察される症状は尿中に血液や化膿性物質が混じることです。結石形成の段階に応じて、沈殿物が多いことを示す濃い尿がみられることも、もっと明瞭に排尿困難が起こることもあります。膀胱に痛みがあると猫は悲鳴を上げ、膀胱部をなめるかもしれません。排尿するときに激しい痛みと不快感があり、少しずつ排尿します。

第6章　泌尿器系の病気

【治　療】

　結石が大きくなると合理的な治療法は唯一手術だけですが、しかし尿砂が結石を形成する前の初期段階に対しては多くの有用なレメディーがあり、それ以上の結石形成を防ぐだけでなく、礫状の物質を溶かす場合も多くあります。主なレメディーとして次のようなものがあります。

□ **Lycopodium**（ライコポーディウム）

　肝機能障害はしばしば尿砂の形成と関係がありますが、このレメディーには肝臓に対する強壮作用があり、肝臓の代謝の調整に役立つでしょう。このレメディーが必要になる猫は高齢で、常にやせて皺だらけにみえます。尿は容器に入れておくと赤っぽく変色します。推奨ポーテンシーは12Cで、1日2回、21日間投与します。

□ **Berberis-v.**（バーバリスブイ）

　このレメディーにはLycopodiumとよく似た働きがあります。その使用を示唆する症状は腰部の圧痛と尿が黄色に変色することです。推奨ポーテンシーは12Cで、1日2回、21日間投与します。

□ **Hydrangea**（ハイドレンジャ）

　これはルーティーンとして投与すれば、結石形成を予防するとともに礫状の物質を溶かして猫がそれを除去しやすくします。白い塩と黄色い砂状の物質が互い違いになったものが尿中にみられます。推奨ポーテンシーは30Cで、1日1回、21日間投与します。

□**Epigea-repens**（エピゲーレペンス）

　尿中沈殿物が尿酸系の場合に、このレメディーが示唆されます。それは茶色がかった沈殿物で、排尿にはひどい息みが伴います。推奨ポーテンシーは6Xで、1日3回、14日間投与します。

□ **Benzoic-acid.**（ベンゾイックアシッド）

　このレメディーもプルービングで尿酸系の沈殿物がみられますが、尿には強い不快なにおいがあり、粘液が混じっています。推奨ポーテンシーは6Cで、1日3回、10日間投与します。

□ **Thlaspi**（サラスピ）

　このレメディーはリン酸塩が過剰にある場合に必要になります。砂状

の物質をすばやく溶解し、赤レンガ色の尿沈殿物をなす塩を形成します。推奨ポーテンシーは6Cで、1日3回、14日間投与します。

□ **Urtica-urens**（アーティカウーレン）

このレメディーも、尿砂の形成に関与する塩基性塩を除去することで尿を濃くします。排尿量の増加を促します。皮膚に蕁麻疹がみられる場合もあるかもしれません。推奨ポーテンシーは6Xで、1日3回、10日間投与します。

□ **Calc-phos.**（カルクフォス）

これはカルシウムとリンの代謝を調整する優れた根本体質レメディーで、リン酸塩の形成を予防するのに役立ちます。2歳以下の若い猫にはルーティーン的に投与しましょう。推奨ポーテンシーは30Cで、1週間に1回、8週間投与します。2週間の間隔をおけばこれを繰り返しても安全です。

□ **Lithium-carb.**（リシュームカーブ）

このレメディーは粘液と暗褐色の沈殿物を多く含む混濁尿に関係があります。推奨ポーテンシーは6Cで、1日3回、14日間投与します。

□ **Ocimum-canum**（オシマムカナム）

このレメディーは尿砂が形成されたあと、尿が鮮紅色を呈し、麝香(じゃこう)のにおいがする場合に役立ちます。尿を容器に入れておくと赤レンガ色の沈殿物がみられます。推奨ポーテンシーは30Cで、1日1回、14日間投与します。

□ **Calc-renalis-phos**.（カルクリナリスフォス）および **Calc-renalis-uric.**（カルクリナリスユーリック）

ともに上記のレメディーの補助レメディーとして用いることができます。結石を形成する傾向がある場合に、代謝の調整に役立つでしょう。1週間に2回、8週間投与し、それをときどき繰り返します。

5. 膀胱炎

　膀胱の炎症は年齢や種類に関係なくすべての猫に起こりうる一般的な病気です。常にさまざまな細菌が関与していますが、主なものは大腸菌とプロテウス属の細菌です。急性型と慢性型があります。

【臨床症状】
　急性の場合、症状はヤドリギ（Viscum-album）や膀胱結石と似ています。ひどい息みがあり、猫はうずくまります。排尿は非常に困難で、はっきりとした血尿が出ます。通常、猫は痛みで悲鳴を上げます。初期には体温が上がります。拡張した膀胱は簡単に触知できますが、極端な場合は膀胱壁が簡単に破れることがあるので注意が必要です。
　慢性の場合は、上記のような症状が変化して猫の感じる苦痛はかなり小さくなります。雄猫は陰茎を露出するかもしれません。膀胱壁が厚くなり、この場合も外から触知できます。

【治　療】
　急性の場合は、次のレメディーがいずれも役立つことがわかっています。
□ **Aconite**（アコナイト）
　できるだけ早く投与すべきレメディーで、ストレス、痛み、不安を軽減するでしょう。10Mのポーテンシーを採用し、30分間隔で5回投与します。
□ **Cantharis**（カンサリス）
　これはおそらく急性段階に最も適したレメディーです。激しい息みがあり、常にひどい血尿が出ます。推奨ポーテンシーは10Mで、1日3回、3日間投与します。
□ **Chimaphilla**（キマフィラ）
　この場合も息みが顕著ですが、尿には血液よりも化膿性物質が多く含まれています。尿は暗緑色で、非常に強いにおいがあります。推奨ポー

テンシーは6Cで、1日3回、5日間投与します。

☐ **Copaiva**（コパイバ）

尿はやや甘いにおいがして、泡状にみえます。雄の場合は、陰茎部を頻繁になめるかもしれません。尿意が頻繁にあります。推奨ポーテンシーは6Cで、1日3回、10日間投与します。

☐ **Camphor**（カンファー）

尿は少しずつ排尿され、黄緑色をしています。尿は容器に入れておくと赤みがかった沈殿物がみられます。推奨ポーテンシーは30Cで、1日2回、5日間投与します。

慢性型は急性型に続いて起こります。膀胱は肥厚して革状となり、常に不快症状がみられます。頻繁に尿意をもよおし、少しずつ排尿します。

【治　療】

急性型に関係するレメディーの多くが慢性型にも示唆されますが、そのほかに次のようなメレディーも検討しましょう。

☐ **Equisetum**（エクィシータム）

排尿しても不快症状は軽減しません。頻繁に排尿しますが、夜になるといっそうひどくなります。推奨ポーテンシーは30Cで、毎日1回、10日間投与します。

☐ **Eupatorium-purp**.（ユーパトリアムパープ）

このレメディーはときどき結石や高度のアルブミン尿と関係があります。推奨ポーテンシーは6Cで、1日3回、14日間投与します。

☐ **Pareira**（パレーラ）

このレメディーは膀胱の筋肉組織が異常に肥厚した場合に役立つでしょう。尿にはアンモニア臭があるほか、粘液がたくさん含まれています。推奨ポーテンシーは6Cで、1日3回、14日間投与します。

☐ **Causticum**（コースティカム）

再発型の場合、このレメディーを急性段階に Cantharis のあとに使うと効果的です。特に、高齢の猫に有効です。推奨ポーテンシーは30Cで、

毎日1回、14日間投与します。

□ **Terebinthina**（テレビンシーナ）

やや甘いにおいのする血尿がある場合にこのレメディーが必要になる可能性があります。不快症状は動くと軽減します。推奨ポーテンシーは200Cで、1週間に3回、4週間投与します。

□ **Uva-ursi**（ウヴァウルシ）

陰部全体に痛みないし不快症状があり、血液と化膿性物質を含む緑っぽいネバネバした尿が出ます。排尿しても痛みの症状は軽減しません。推奨ポーテンシーは6Cで、1日3回、14日間投与します。

6. 血　尿

通常、尿中に血液がみられる場合は何らかの尿路の障害が原因です。さまざまな疾患が血尿をきたしますが、なかでも一般的なのは急性膀胱炎と結石です。腎盂の疾患も血尿を招く可能性があります。治療は根本的障害に対して行う必要がありますが、Terebinthina（テレビンシーナ）の200Cは突発性の血尿に有用です。そのほかの検討すべきレメディーとしては、Ficus-religiosa（フィクスレリギオサ）6C、Millefolium（ミュルフォリューム）30C、Crotalus-horridus（クロタラスホリダス）1Mなどがあります。

7. 膀胱麻痺

通常、これは膀胱の機能を司る神経機能の喪失をきたす骨盤部の外傷が原因です。外傷が疑われた場合は、まずArnica（アーニカ）の30Cを1日3回、3日間投与し、続いてHypericum（ハイペリカム）の1Mを1日1回、7日間投与しましょう。慢性の場合は、運動神経機能を助けるのに最も有用なレメディーの1つ、Conium（コナイアム）を検討しましょう。

8. スプレー行動

　この痛ましい状態は心理的および感情的障害と関係があり、最も扱いにくい問題の1つです。この習性をとりまく環境を詳しく調べれば、たとえ一時的な緩和薬としてでも役立つレメディーが見つかるかもしれません。雄猫は去勢手術の直後にスプレー行動をすることが知られており、この場合には、Staphysagria（スタフィサグリア）が最も有用です。6Cを1日3回、7日間投与しましょう。必要があれば、続けて高ポーテンシー、たとえば200Cを1週間に3回、4週間投与しましょう。このレメディーは同じような状況の雌猫にも適用できます。

　雄猫では、スプレー行動の原因がマーキングにあることもあります。そうらしいと思われた場合は、Ustillago（ウスティラーゴ）を検討しましょう。200Cのポーテンシーで1週間に3回、4週間投与します。

　また、去勢ないし避妊手術を受けた猫の場合は、Folliculinum（フォリキュライナム）、Ovarinum（オバリナム）、Oestrogen（エストロジェン）など、ポーテンタイゼーションされたホルモンの併用も検討しましょう。上記のレメディーと一緒に、あるいはそれに続いて、6Cから30Cのポーテンシーで、毎日1回、30日間投与すれば、通常かなりの反応が得られるはずです。

第7章　生殖器系の病気

秋季には、たとえば10月から12月末にかけて、猫の性行動は休止状態となります。

繁殖期は1月初旬から始まり、猫によっては真夏になるまで数カ月間も発情徴候を示す場合もあります。雌猫がはじめて発情徴候を示す年齢は、早いもので4カ月から遅いもので1年と個体によってさまざまです。また、発情はいわば中年から老年に至るまで続くことがあります。発情自体は約3週間続きますが、そのうち強い発情徴候がみられるのは7日間です。

1. 不妊症

これは実際的には雌の問題を指します。この表題の下で検討するのは、性行動をほとんど、ないし全く示さない雌猫の問題、妊娠できない雌猫の問題、そして妊娠した雌猫の世話の仕方です。性欲がほとんど、ないし全くない雌猫には、次のレメディーのどれかが役立つ可能性があります。

□ **Sepia**（シーピア）

このレメディーは雌の生殖器官全体に有益な作用を及ぼし、ホルモンの活動を正しく調整するでしょう。200Cのポーテンシーで、1週間に1回、3週間投与しましょう。

□ **Platina**（プラタイナ）

これは特にシャム猫に適したレメディーで、シャム猫の性質は心理的にこのレメディーと関係があります。30Cのポーテンシーで、1週間に3回、2週間投与しましょう。

排卵障害が不妊の原因と考えられる場合は、卵巣に有益な作用を及ぼす Pulsatilla（ポースティーラ）が役立つはずです。30C のポーテンシーで、1 週間に 3 回、4 週間投与します。

雌猫が首尾よく交尾したならば、主に Viburnum-op.（バイバーナムオパ）と Caulophyllum（コーロファイラム）の 2 つのレメディーが妊娠の維持に役立つでしょう。前者は妊娠 1 カ月に与えるのに適したレメディーで、30C を週 2 回、4 週間投与します。後者は妊娠後期における妊娠の維持と問題のない分娩に役立つでしょう。また、分娩が始まってからの問題に対しても、たとえば 30 分ごとに 4 回投与すると、子宮の収縮を安全に刺激することができます。これによって通常の治療の必要性がなくなるはずです。

この時期に役立つもう 1 つのレメディーは Arnica（アーニカ）で、分娩の 1 日ないし 2 日前に投与すると組織の回復を促し、出血を防ぐでしょう。30C を 1 日 3 回、2 日間投与すると十分なはずです。

2．分娩後の合併症

これには出血、乳房炎、子宮炎、乳汁分泌不足などが含まれます。

(1) 出　血

これにはさまざま種類があるので、それぞれに応じたレメディーを用いる必要があります。たとえば、血液が子宮内に貯留し、勢いよく排出され、再び貯留する場合は、Ipecac（イペカック）を検討すべきで、2 時間間隔で 4 回ないし 5 回投与します。その場合、血液は鮮紅色をしています。

ぽたぽた落ちるような継続的な出血の場合は、Crotalus-horridus（クロタラスホリダス）や Vipera（バイペーラ）などヘビのレメディーを検討する必要があります。ポーテンシーは 12C を使うとよいかもしれません。

黒ずんだ出血には Secale（セケイリー）の 30C、流産ないし妊娠中絶の出血には Sabina（サビーナ）の 6 C が必要になる可能性があります。

（2）乳房炎

　出血と同じく、単純な炎症から膿瘍形成までさまざまな種類の乳房炎を検討する必要があります。初期の炎症と腫脹は Phytolacca（ファイトラカ）の 30C に反応するはずです。1日3回3日間投与し、続いて1日おきに3回投与します。乳房がはれて熱をもっている場合は、Belladonna（ベラドーナ）の6Cを2時間ごとに5回投与すると役立つでしょう。乳房がひどく硬い場合は、Bryonia（ブライオニア）の 30C ないし Calc-fluor.（カルクフロアー）の 30C を毎日1回、10日間投与する必要があるかもしれません。痛みと圧痛を伴う膿瘍は Hepar-sulph.（ヘパソーファー）を Phytolacca と同じように投与すると反応するはずです。瘻孔ができている可能性の高い慢性の化膿状態は Silica（シリカ）で治療しましょう。200C のポーテンシーを使い、1週間に2回、6週間投与します。

（3）子宮炎

　子宮の炎症は深刻な状態であり、最善の結果を得るには高ポーテンシーのレメディーを使った迅速な対応が求められます。たとえば、Pyrogen（パイロジェン）は高体温と弱い糸状脈あるいはその逆など脈拍と体温との間に食い違いがある場合にしばしば示唆されます。Echinacea（エキネシア）も Pyrogen と同じく化膿段階に示唆されるもう1つのレメディーです。たとえば、3Xのような低ポーテンシーで頻繁に投与しましょう。

　それほど急性でなく、おりものを伴う場合は、Sepia（シーピア）、Pulsatilla（ポースティーラ）、Caulophyllum（コーロファイラム）といったレメディーが必要となります。Sepia は産後のおりものがあり、子猫に関心がなく、ときには実際に子猫を攻撃するといった精神状態を示す場合に最も有用なレメディーです。30C のポーテンシーで1日1回、5日間程度投与すると十分でしょう。Pulsatilla は愛情深いけれども気まぐれな比較的おとなしい猫により適しています。おりものはクリーム状で非化膿性です。Caulophyllum はおりものが血液のためにチョコレート色

になる場合に示唆され、6Cのポーテンシーで1日3回、7日間投与すれば十分なはずです。

(4) 産褥テタニー

雌猫の場合、この病態は雌犬ほど一般的ではありません。通常、たくさんの子猫を出産したあと3週間から6週間して発生します。患畜は一般的に協調運動障害の症状で来診しますが、筋肉痙攣を伴い、虚脱に陥ります。ときどき呼吸促迫と瞳孔散大がみられます。

【治　療】

できれば予防すべきであり、そのためには分娩後に Calc-phos.（カルクフォス）の30Cを1日1回、10日間投与し、その後は週3回に減らして6週間投与しましょう。この病態が発生した場合は、Belladonna（ベラドーナ）の30C、Mag-phos.（マグフォス）の30C、Curare（キュラーレ）の30Cなどのレメディーが、瞳孔散大や筋肉痙攣などの症状に応じて必要になる可能性があります。協調運動障害には Cicuta（シキュータ）、Stramonium（ストラモニューム）、Agaricus（アガリカス）、Sulfonal（サルフォナール）などのレメディーがやはり症状に応じて必要になります。これらのレメディーには微妙な違いがありますので、それぞれの症状像をマテリア・メディカで調べましょう。

(5) 乳汁分泌不足

この場合の有用なレメディーは Urtica-urens（アーティカウーレン）、Agnus-castus（アグナスカスタス）、Ustilago（ウスティラーゴ）で、30Cのポーテンシーを用い、1日3回、5日間投与します。どれを使うかは全体的な症状によるところが大きいものの、おそらく最もよく使われるのは Urtica-urens です。

(6) 子宮蓄膿症

この病態は、しばらく出産していない比較的高齢の猫にときおりみら

口渇、嘔吐、顕著な腹部膨隆がみられます。体温が上昇し、抑うつやだるそうな症状があります。拡張した子宮が触知できる場合もあります。雌犬同様、開放型と閉鎖型がありますが、猫の場合は後者のほうが一般的です。開放型の場合、おりものは最初は澄んだ粘液様ですが、その後、二次感染によって化膿します。

【治　療】
　開放型の場合には次のようなレメディーを検討しましょう。
□ **Hydrastis**（ハイドラスティス）
　これは初期段階に非化膿性ないし粘液様のおりものがみられる場合に有用。推奨ポーテンシーは30Cで、1日2回、7日間投与します。
□ **Pulsatilla**（ポースティーラ）
　これは愛情深いけれども気まぐれな猫に非化膿性のクリーム状のおりものがみられるときに適したレメディー。ポーテンシーは30Cで、毎日1回、10日間投与します。
□ **Sepia**（シーピア）
　このレメディーは、自分の子どもを攻撃する、あるいは子どもに関心を示さない傾向のある気分屋の猫におりものがみられる場合に関係があります。6Cから30Cまでのポーテンシーで、1日3回、7日間投与しましょう。
□ **Pyrogen**（パイロジェン）
　体温が弱い糸状脈を伴って上昇したり、その逆の状態になるというように、脈拍と体温との間に食い違いがある場合に最も有用なレメディーの1つ。ポーテンシーは200Cから1Mを使い、3～4時間ごとに4回投与しましょう。
□ **Caulophyllum**（コーロファイラム）
　おりものは血液が混じっているためにチョコレート色をしています。このレメディーは子宮の排膿と筋肉組織の強化に役立つでしょう。また、閉鎖型を開放型にするのに役立つ可能性もあります。12Cから30Cの

ポーテンシーで、1日3回、7日間投与する必要があるかもしれません。

注：特に閉鎖型の場合は病態を注意深く監視する必要があります。それは、レメディーによって開放型に変えることができなかった場合、患畜は急激に非常に重い中毒状態に陥り、緊急手術が必要となる可能性があるからです。

3. 雄猫の病気

これは一般的ではありませんが、たまに前立腺肥大がみられます。その場合は、Sabal（サボー）、Baryta-carb.（バリュータカーブ）、Solidago（ソリデイゴ）などのレメディーが必要になるかもしれません。おそらく最初のSabalが最もよく知られていますが、高齢の猫にはBarytaのほうが適しています。これらのレメディーは、原液（φ）から3Xまでのポーテンシー（Sabal）、ないし30Cまでのポーテンシー（Baryta-carb.およびSolidago）を採用し、1日2回、21日間投与しましょう。

(1) 性欲減退

次のようなレメディーを検討しましょう。

□ **Lycopodium**（ライコポーディウム）

30Cを毎日1回、21日間投与します。やせていて、食欲が一定しない患畜に示唆されます。

□ **Damiana**（ダミアナ）

これは性欲を刺激することでよく知られたレメディーで、1日3回、10日間投与しましょう。

□ **Agnus-castus**（アグナスカスタス）

このレメディーが必要になるのは、前立腺由来の分泌物を伴うときです。6Cを1日3回、14日間投与しましょう。

第8章　耳の病気

猫の耳の病気は珍しくありません。主に次のようなものがあります。

1. ミミヒゼンダニ症

これはしばしば、特に子猫に多くみられます。

【臨床症状】
　耳を振ったりかいたりするのが主な初期症状です。耳垢が過剰にたまり、耳をかくのでやがて耳介に痂皮ができます。二次感染すると化膿性滲出物と耳介の潰瘍化を招きます。

【治　療】
　さまざまなローションが示唆されます。たとえば、Calendula（カレンデュラ）原液（φ）の10倍希釈液およびHydrogen（ハイドロジェン）を温水で3倍に希釈したものなどです。次に挙げるレメディーは根本体質的に作用して回復を助長するでしょう。

□ **Hepar-sulph.**（ヘパソーファー）30C
　このレメディーを初期段階に投与すると過敏状態を軽減するでしょう。1日1回、14日間投与します。

□ **Graphites**（グラファイティス）6 C
　このレメディーは、分泌物に粘り気がある初期段階に役立つはずです。1日3回、10日間投与します。

□ **Psorinum**（ソライナム）30C
　ひどいかゆみがあり、患畜が暖かさを求める場合に示唆されます。1

日1回、12日間投与します。

☐ **Cinnabaris**（シナバリス）12C

　この水銀化合物は、病態が日没から日の出にかけて悪化し、滲出物の化膿傾向などの症状がある場合に、よい結果を得てきました。1日2回、21日間投与します。

☐ **Malandrinum**（マランドライナム）200C

　この（馬痘/グリースからつくられた）ノゾーズは多くの症例に効果を発揮してきました。1週間間隔で2回投与すると、ほかのレメディーの働きを助けます。分泌物はGraphitesに似ていますが、もっと粘り気が強く、ハチミツ色をしています。

☐ **Arsenicum-iod.**（アーセニカムアイオド）30C

　このレメディーは、単純な炎症だけで分泌物がまだ目立たない非常に早い段階に効果を発揮する可能性があります。投与量は、1日1回、10日間です。

☐ **Rhus-tox.**（ラストックス）1M

　耳介も炎症を起こして赤くなり、多数の小水疱を伴う場合に示唆されます。激しいかゆみがあります。通常、落ち着きのなさが随伴症状の1つです。推奨投与量は1日1回、14日間です。

☐ **Tellurium**（テリュリューム）30C

　湿疹性病変が耳介の外側に現れた場合に、このレメディーが示唆されます。左の耳のほうが侵されやすく、悪臭を伴う刺激性の水様分泌物が出ます。放置すると鼓膜の潰瘍をきたし、化膿性分泌物がみられる可能性があります。投与量は1日1回、14日間です。

2. 外耳炎

　この病気は高齢の猫によくみられ、しばしば小穿孔疥癬（ネコショウヒゼンダニ〈Notoedres cati〉感染）に続発します。

【臨床症状】
　最初、耳を振ったりかいたりするのがみられますが、それによって皮膚の肥厚と変色をきたします。

【治　療】
　症状に応じて次のようなレメディーが示唆されます。
□ **Silica**（シリカ）30C
　これは耳の組織の肥厚が著しい場合に示唆されます。化膿傾向の抑制に役立つはずです。1日1回、14日間投与すれば十分でしょう。
□ **Tellurium**（テリュリューム）30C
　発症しやすいのは右よりも左の耳です。これは耳以外にも広く作用する優れた一般的レメディーで、より進んだ症例に検討しましょう。耳は悪臭を放ちます。1日1回、21日間投与する必要があるかもしれません。
□ **Cinnabaris**（シナバリス）12C
　症状が日没から日の出にかけて悪化する場合にこのレメディーを検討する必要があるかもしれません。流涎や皮膚が茶色がかるなど、そのほかの水銀症状が併発するかもしれません。毎日1回、14日間投与します。
□ **Calc-fluor.**（カルクフロアー）30C
　これは有用な組織レメディーで、治癒過程を促進するでしょう。Silica同様、耳の外皮の過度の肥厚を小さくするのに役立つはずです。週3回、4週間の投与を試してみましょう。
□ **Psorinum**（ソライナム）30C
　激しいかゆみと患畜が暖かい場所を求める傾向があると、このレメディーが示唆されます。耳は悪臭を放ち、患畜は通常ぼさぼさにみえます。毎日1回、14日間投与します。

3. 中耳炎

猫の中耳組織の炎症は珍しくありません。しばしば神経症状を伴います。しばしば細菌感染が原因となり、さまざまな化膿菌が関与します。

【臨床症状】

飼い主が最初に気づくのは患畜の異常な歩き方です。たとえば、片方の側によろめいたり、四肢の動きが大げさになります。旋回運動が起こることもありますが、症状がさらに頭部まで及ぶと頻繁に頭の向きを変えるかもしれません。また、化膿性滲出物がみられる場合もありますが、これは一貫した症状ではありません。

【治　療】

治療は難しく長期に及ぶかもしれませんが、全体的な症状に応じて次のようなレメディーが示唆されます。

☐ **Aconite**（アコナイト）30C

症状が現れ次第、できるだけ早く投与すべきです。ショックと苦痛の軽減に役立つでしょう。投与量は1時間ごとに4回です。

☐ **Stramonium**（ストラモニューム）30C

患畜が左側に倒れる傾向がある場合に、このレメディーが役立つはずです。1日1回、10日間投与しましょう。

☐ **Cicuta**（シキュータ）30C

首のところで頭を後ろに反らす、あるいはS字状になるといった一般的な頭部症状がみられる場合に示唆されます。投与量は1日1回、14日間です。

☐ **Agaricus**（アガリカス）1M

このレメディーが示唆される場合は、ちゃんと立てないとか、四肢の運動が大げさになるといった'酔っぱらった'ような一般的な協調運動障害がみられます。投与量は1日1回、10日間です。

☐ **Mercurius**（マーキュリアス）CM

高ポーテンシーのこのレメディーには化膿性変化を抑制する効果のあ

ることがわかっています。単回投与を行い、反応を注意深く監視しましょう。

□ **Hepar-sulph**.（ヘパソーファー）200C

接触に極端に敏感で痛みがあることを示す場合は、このレメディーが役立つ可能性があります。このポーテンシーを用いると化膿の進行を防ぐ可能性があります。1日1回、5日間投与すれば十分なはずです。

□ **Belladonna**（ベラドーナ）200C

中枢神経が侵され発作を招く傾向がある場合は、このレメディーが必要になるかもしれません。随伴症状として、瞳孔散大や反跳脈がみられるでしょう。1週間に3回、3週間投与すれば十分なはずです。

□ **Staphylococcus**（ブドウ球菌）、**Pasteurella**（パスツレラ菌）、**Pseudomonas**（シュードモナス菌）などのノゾーズは、これらの細菌が関与していると考えられる場合に検討しましょう。1日1回、5日間投与すると、ほかのレメディーの働きを補完するでしょう。

4. 耳血腫

これは別の耳の障害に続発ないし併発するもので、珍しくありません。耳をひっきりなしに振ったり、かいたりするために、耳の軟骨と耳介の間に血液が流れ出すことによって生じます。その部分に血液が閉じ込められると卵状の腫脹をきたし、しばしば熱をもち、圧痛があり、皮膚が変色します。通常、血液の液体部分は次第に吸収されるものの、小さな腫脹がかなり長く残り、耳介はしわくちゃになります。

【治　療】

基本的には手術を要しますが、次のようなレメディーは血液の吸収を助け、手術を非常にやりやすくするでしょう。

□ **Aconite**（アコナイト）30C

ショックと苦痛を軽減するので、できるだけ早く投与すべきです。1時間間隔で4回投与します。

□ **Arnica**（アーニカ）30C

　この病態は基本的に外傷の1つなので、当然このレメディーが示唆されます。これは血液の吸収を助け、耳介の損傷を制限するでしょう。1日3回、5日間投与しましょう。

注：根本原因に注意しなくてはなりません。常に、中耳炎ないし外耳炎、そしてその場合に示唆されるレメディーを検討する必要があります。

第9章 目の病気

　目のさまざまな組織が病気に侵されますが、犬に比べるとそれほど一般的ではありません。眼瞼は子猫がある種のウイルスに感染する場合を除いてほとんど侵されることはありませんが、たまに眼瞼内反が眼瞼の端ではなく主として中央部にみられ、刺激による流涙を招きます。

　内科療法では十分でない場合がしばしばありますが、Borax（ボーラックス）の12Cを1日2回、21日間投与すると有効な場合のあることが知られています。原因不明の単純な流涙は、Bromium（ブロミューム）12C、Allium-cepa（アリュームシーパ）12X、Rhus-tox.（ラストックス）1Mなどのレメディーに反応する可能性があります。

1. 結膜炎

　これは珍しい病態ではなく、ときどきウイルス感染ないし細菌感染に伴ってみられます。

【臨床症状】
　まず激しい流涙がみられ、分泌物は初め澄んでいますが、やがて茶色がかった粘液性になります。たまに第三眼瞼が突出します。結膜炎は片目だけに起こることも両目に起こることもあります。アレルギー性結膜炎の場合は一般に両目に起こります。目は深紅色を呈します。

【治　療】
　Hypercal（ハイパーカル）という Hypericum（ハイペリカム）と Calendula（カレンデュラ）の10倍希釈液で、1日に1〜2回洗浄するほか、

次のようなレメディーを検討しましょう。

□ **Arg-nit.**（アージニット）

　このレメディーは病態の軽減に非常に有用です。患畜は通常臆病な性格で近づくと怖がる様子をみせます。推奨ポーテンシーは30Cで、1日1回、7日間投与します。

□ **Pulsatilla**（ポースティーラ）

　これは愛情深いけれども気まぐれな子猫に適したレメディーです。目やにには二次感染によって次第に化膿する傾向があります。推奨ポーテンシーは6Cで、1日3回、7日間投与します。

□ **Ledum**（リーダム）

　目のひっかき傷や刺し傷が原因の場合はこのレメディーを使いましょう。推奨ポーテンシーは6Cで、1日3回、7日間投与します。

□ **Ruta**（ルータ）

　このレメディーは目の組織に対する鎮痛作用があり、痛みをすばやく軽減するでしょう。推奨ポーテンシーは1Mで、1日1回、7日間投与します。

□ **Rhus-tox.**（ラストックス）

　アレルギー性の両目の結膜炎に適したレメディー。ひどく敏感になり、眼瞼は腫脹し、眼瞼縁はおそらく脱毛するでしょう。患畜は落ち着きがなく、あちこち動き回って気を紛らわしているようにみえます。推奨ポーテンシーは1Mで、1日1回、10日間投与します。

□ **Hepar-sulph.**（ヘパソーファー）

　急激に化膿する急性状態に適したレメディー。痛みないし接触に対して極度に過敏になります。推奨ポーテンシーは1Mで、1日2回、6日間投与します。

□ **Arnica**（アーニカ）

　これは打撲などによる目の組織の機械的損傷が原因の場合に、当然検討すべきレメディーです。推奨ポーテンシーは6Cで、1日3回、5日間投与します。

□ **Mercurius**（マーキュリアス）

このレメディーは病態が夜間に悪化する慢性状態に必要となるかもしれません。目やにには緑がかった色をしており、口内炎を伴う可能性があります。推奨ポーテンシーは 30C で、1 週間に 3 回、4 週間投与します。

2．角膜炎

これは角膜の炎症を指しますが、単純なびらんや潰瘍も含まれます。びらんがあると角膜は光沢を失い鈍くみえます。通常、ある程度の流涙があります。

角膜潰瘍は珍しくありません。ときどき潰瘍性角膜炎と呼ばれます。角膜潰瘍は大きな外傷が原因で生じることもありますが、全身性疾患に伴って起こることもあります。通常、潰瘍は中心部にみられ、二次感染が起きがちです。

【臨床症状】
角膜炎は病巣が明らかで一般的にすぐわかりますが、それに加えて光を非常に嫌います。

【治　療】
□ **Nitric-acid**.（ニタック）
これは表在性潰瘍がある場合に有用なレメディーです。口や鼻孔周辺にも潰瘍があったり、ときには下痢を伴うこともあります。推奨ポーテンシーは 200C で、1 週間に 3 回、4 週間投与します。
□ **Kali-bich.**（ケーライビック）
このレメディーも潰瘍に関係しますが、この場合の潰瘍はより深部に及び打ち抜かれたようにみえます。黄色の流涙を伴うかもしれません。推奨ポーテンシーは30C で、1 日 1 回、7 日間投与します。
□ **Cannabis-sativa**（カナビスサティーバ）
角膜混濁が顕著な場合には、このレメディーがよい結果をもたらすはずです。目は通常曇ってどんよりしています。推奨ポーテンシーは 12C

で、1日2回、15日間投与します。

□ **Calc-fluor.**（カルクフロアー）

　このレメディーも混濁が顕著な場合に示唆されますが、この場合は腺に関係のある全身症状があります。たとえば、顎下腺などの腫脹です。しかし、これは優れた組織レメディーであり、そのような症状がなくてもよい結果をもたらす可能性があります。推奨ポーテンシーは30Cで、1週間に3回、6週間投与します。

□ **Silica**（シリカ）

　瘢痕組織形成と瞳孔の障害がみられる長期の症例に対する優れたレメディー。やせ型ないし筋張った体型で、おそらく全体的に身体が弱い徴候を示す患畜に適するでしょう。推奨ポーテンシーは200Cで、1週間に2回、6週間投与します。

□ **Ruta**（ルータ）

　このレメディーは結膜炎の場合と同じく、痛みなどの症状を全般的に速やかに軽減するでしょう。推奨ポーテンシーは1Mで、1日1回、10日間投与します。

□ **Phosphorus**（フォスフォラス）

　これは目の疾患全般に検討すべき最も重要なレメディーの1つです。通常、角膜に小さな赤い斑点ないし筋が現れ、充血してみえます。推奨ポーテンシーは30Cで、1日1回、10日間投与します。

3. ブドウ膜

　虹彩、毛様体、脈絡膜からなる血管に富む層をブドウ膜と呼びます。このような組織のどこか一部の炎症をブドウ膜炎と呼び、なかでも重要なのは虹彩および毛様体の炎症（虹彩毛様体炎）です。これは創傷感染によって、あるいは角膜潰瘍から波及して生じることがあります。

　病態は急性の場合も慢性の場合もあります。急性の場合は虹彩と毛様体に血管新生と滲出がみられます。瞳孔は収縮し、光を嫌います。白血球を含む水様物質の滲出によって、目は曇ったようになります。

慢性型では虹彩とレンズの癒着がみられ、緑内障をきたす可能性があります。

【治　療】
□ **Aconite**（アコナイト）
　できるだけ早く投与すべきです。10Mのポーテンシーを用い、1時間間隔で3回投与します。
□ **Symphytum**（シンファイタム）
　このレメディーには損傷を受けた目の組織に対する有益な作用があり、痛みや不快感を軽減するでしょう。推奨ポーテンシーは200Cで、1週間に3回、2週間投与します。
□ **Silica**（シリカ）
　このレメディーは慢性型にみられるように、癒着があるときにその吸収に役立つはずです。推奨ポーテンシーは200Cで、1週間に2回、6週間投与します。
□ **Hamamelis**（ハマメリス）
　小さな静脈組織を含めて顕著な血管新生があり、目が黒ずんでみえる場合に、このレメディーが役立つ可能性があります。推奨ポーテンシーは12Cで、1日3回、7日間投与します。
□ **Phosphorus**（フォスフォラス）
　緑内障が発達する傾向がある場合は、このレメディーを検討しましょう。目の出血にも役立つでしょう。推奨ポーテンシーは200Cで、1週間に3回、4週間投与します。

4．レンズ

　この組織の主な病気は白内障ですが、猫の場合は犬ほど一般的ではありません。先天性の場合も後天性の場合もあり、その程度はさまざまです。内科的治療を検討する場合は次のようなレメディーを使いましょう。すべて長期的な効果のあることが知られています。

□ **Calc-fluor.**（カルクフロアー）

　これは優れた根本体質レメディーで、初期段階に投与するとそれ以上の悪化を防ぐのに役立ってきました。推奨ポーテンシーは30Cで、1日1回、14日間投与します。

□ **Silica**（シリカ）

　これは進んだ症例に検討すべき主要レメディーの1つで、瘢痕組織の吸収に役立ちます。推奨ポーテンシーは200Cで、1週間に2回、8週間投与します。

□ **Nat-mur.**（ネイチュミュア）

　これは腎臓疾患を伴う場合に最も役立つレメディーの1つです。患畜は一般に口渇を示し、顕著な症状は体調の悪化です。推奨ポーテンシーは30Cで、1日1回、21日間投与します。

□ **Cineraria**（シネラリア）

　このレメディーはφ（原液）を10倍に希釈して使いましょう。1日2～3滴の量を約2カ月間点眼すると非常に有効なことが知られています。

5. 網　膜

　猫で重要なのは網膜出血、網膜剥離、緑内障です。

　網膜出血は瞳孔散大を伴い、重い場合は失明します。検討すべき主なレメディーはPhosphorus（フォスフォラス）で、これは一貫してよい結果を残しています。さまざまなポーテンシーが使えますが、たとえば200Cを1週間に3回、2週間投与し、続いて1Mを1週間に3回、4週間投与します。長期療法としては血管組織を健全な状態に保つことを目指すべきですが、それにはヘビ毒のレメディーを検討する必要があります。その主なものとしてはCrotalus-horridus（クロタラスホリダス）、Bothrops-lanceolatus（ボスロプスランセオラータス）、Vipera（バイペーラ）があり、どれも血栓症を予防することによって血液が網膜に十分供給されるようにします。200Cのポーテンシーを1週間に2回、6週間投与

すると十分なはずです。

　網膜剥離は基本的には手術を要する病態ですが、軽症の場合はホメオパシー療法にうまく反応する可能性があります。著者の経験では、Phosphorus 200C を 1 週間に 3 回、2 週間投与したところ首尾よく反応した症例があります。この場合はある専門家が検眼鏡検査によって客観的にモニターしてくれました。たとえ内科療法だけでは対応できないと思われる場合でも、ホメオパシー療法が検討に値することを示す一例としてここで言及しておきます。

6. 緑内障

　これは硝子体液が貯留して眼圧が上がることにより網膜や視神経が損傷を受けた状態を指します。通常はブドウ膜炎など別の目の疾患に二次的に発生します。急性型と慢性型が認められています。急性型では結膜が赤変し、水様の分泌物があり、目を少し閉じます。患畜は眼球の触診を嫌い、角膜はひどく混濁します。急性期に治療を行わないと慢性状態に移行します。目全体が非常に大きくなり、血管が顕著に怒張します。角膜が肥厚することがありますが、その場合はおそらく潰瘍化を伴います。

【治　療】
　治療をしても報われないことがしばしばありますが、次のようなレメディーが検討に値します。

□ **Aconite**（アコナイト）
　これはできるだけ早く投与すべきレメディーです。すみやかに痛みやストレスを和らげるでしょう。10M のポーテンシーを使い、1 時間間隔で 3 回投与しましょう。

□ **Apis**（エイピス）
　硝子体液その他の液体の貯留を考慮すると、このレメディーはその吸

収にある程度役立つでしょう。推奨ポーテンシーは30Cで、1日2回、14日間投与します。

□ **Belladonna**（ベラドーナ）

このレメディーが役立つ場合には、たぶん目の血管組織に拍動が認められるでしょう。瞳孔が散大し、興奮状態がみられるかもしれません。推奨ポーテンシーは1Mで、1日1回、7日間投与します。

□ **Spigelia**（スパイジェーリア）

このレメディーは、ほぼ確実に痛みが感じられるはずの初期段階に、痛みを抑えるのに役立つ可能性があります。このレメディーに関係する症状はほとんどが主観的なものですが、それが使用の妨げになってはなりません。推奨ポーテンシーは6Cで、1日3回、10日間投与します。

□ **Colocynth**（コロシンス）

これもSpigeliaと同じ種類のレメディーです。さらに、疝痛や不快感などの腹部症状があるかもしれません。推奨ポーテンシーは1Mで、1日1回、10日間投与します。

□ **Phosphorus**（フォスフォラス）

より長期に及ぶ症例にはこのレメディーを検討しましょう。このレメディーは別のところでも述べたように目の組織全般に深い作用を及ぼします。推奨ポーテンシーは200Cで、1週間に3回、4週間投与します。

第10章　血液および造血器官の病気

1. 貧　血

　これは赤血球によって運搬される酸素量の減少を示す一般的な病名で、循環する酸素量が減ると可視粘膜が蒼白になり虚弱を招きます。貧血は、急激な出血や長期にわたるゆっくりとした出血によって直接血液を失うことから生じる場合もあります。寄生虫感染や何らかの感染症も貧血の原因になりますが、骨髄の疾患も赤血球の産生を阻害することによって貧血をきたします。

(1) 急性出血による貧血
　この貧血はそれほど深刻でなければ常に自然に調節され、失われた赤血球は造血器官がすぐに補填します。凝血を促し出血を抑えるレメディーには次のようなものがありますが、いずれも十分に実証されています。

□**Aconite**（アコナイト）
　このレメディーは、発熱ないし炎症を伴う充血をきたす、急性の緊急状態に示唆されます。そのような状態は表在血管の破綻を引き起こし、たとえば鼻の場合には鼻出血を招く可能性があります。出血は鮮紅色です。推奨ポーテンシーは10Mで、1時間間隔で3回投与します。

□**Arnica**（アーニカ）
　このレメディーは、出血の原因が外傷ないし極端なうっ血の場合に示唆されます。出血はどの開口部からも起こる可能性があり、うっ血による漏出性の受動的な出血をきたします。血液は黒ずんでいる可能性があります。推奨ポーテンシーは30Cないし200Cで、3時間間隔で4回投与します。

□**Ficus-religiosa**（フィクスレリギオサ）

　これは優れた一般的な抗出血レメディーです。血液を吐出することがあり、出血はどの開口部からも起きる可能性があります。血液の色は鮮紅色です。推奨ポーテンシーは6Cで、頻繁に投与します。

□**Millefolium**（ミュルフォリューム）

　この場合も血液は鮮紅色で、体温上昇を伴う急性状態を示します。出血は肺や腸管から起こる可能性があり、尿に血液が混じることがあります。推奨ポーテンシーは30Cで、1日3回、4日間投与します。

□**Crotalus-horridus**（クロタラスホリダス）

　出血とともに敗血症状態および黄疸が認められることもありますが、常にではありません。血液は黒ずんでおり、液体のままで全く凝血しないことがしばしばあります。全身性の出血傾向があり、尿は暗赤色になります。推奨ポーテンシーは12Cから200Cで、1日3回、5日間投与します。

□**Vipera**（バイペーラ）

　このレメディーは、（Naja〈ナージャ〉を除く）ほかのヘビのレメディーと同じく受動的な出血を引き起こしますが、さらに神経毒作用もあります。出血はしばしばリンパ管領域と関連があります。推奨ポーテンシーは1Mで、1日3回、4日間投与します。

□**Lachesis**（ラカシス）

　このレメディーもヘビ咬傷と似たような状態に関係します。この場合は、皮膚が青っぽく、あるいは紫っぽく変色し、出血は受動的で黒ずんでいます。敗血症性の病変も特徴の1つです。推奨ポーテンシーは30Cで、1日3回、5日間投与します。

□**Ipecac**（イペカック）

　勢いのよい鮮紅色の出血が大量にみられます。このレメディーは分娩後出血に非常に有効であることがわかっています。その場合、継続して出血するのではなく、勢いよく一度に大量に出血します。嘔吐があり食べ物を受け付けないこともあります。出血は腸管や肺からも起こる可能性があります。推奨ポーテンシーは30Cで、2時間おきに5回投与し

ます。
□**Melilotus**（メリロータス）
　鼻ないし口からの鮮紅色の出血に非常に有用なレメディー。頸部あるいは咽喉の血管が緊張し、拍動が認められます。一般的に動脈系が充血する傾向があります。推奨ポーテンシーは6Cで、2時間おきに5回投与します。
□**Hamamelis**（ハマメリス）
　これは静脈系のうっ血と関係のある出血を抑えるのに有用なレメディーです。血液は黒ずんでいます。推奨ポーテンシーは30Cで、1日3回、5日間投与します。
□**Phophorus**（フォスフォラス）
　さまざまな部位、特に歯肉から小さな毛細血管出血がある場合に最も重要なレメディーの1つ。血液の混じった嘔出物やさび色の喀痰があるかもしれません。推奨ポーテンシーは30Cで、1日3回、7日間投与します。

(2) 造血系の障害と関係のある貧血
　人間に悪性貧血を引き起こす骨髄疾患は猫ではまれにしかみられませんが、猫の場合には再生不良性貧血と呼ばれます。常に、毒素や慢性の重度感染症と関係があります。たとえば、何らかの強力な薬剤の過剰処方が原因で生じることが知られています。また、ビタミン欠乏症と関係がある可能性もあるので、ビタミンEやビタミンB複合体など、ビタミンのオーガニックサプリメントを投与するのはよいことです。

【臨床症状】
　一般的な貧血の症状と似ています。

【治　療】
□**Trinitrotoluene**（トリニトロトルエン）
　中毒性黄疸を伴う場合に、このレメディーが示唆されます。これは酸素を運搬するヘモグロビンの力を回復するのに非常に役立つレメディー

です。そのほか、鼓動が弱まり、呼吸数が増加し、尿の色が濃くなります。推奨ポーテンシーは30Cで、1週間に2回、14日間投与します。

□**Silica**（シリカ）

　これは、貧血が長期の感染が原因で生じたと考えられる場合に検討すべきレメディーです。また、このレメディーは貧血が全般的な栄養不良を伴う場合に有益で、骨の障害に特異的に作用します。推奨ポーテンシーは200Cで、1週間に2回、8週間投与します。

□**Arsenicum**（アーセニカム）

　この深部に作用するレメディーは、猫が極端な衰弱と消耗を示し、落ち着きがなく、少量の水をほしがる場合に役立つでしょう。慢性貧血の治療に高い評価を得ています。推奨ポーテンシーは1Mで、1日1回、21日間投与します。

□**Mercurius**（マーキュリアス）

　水銀は重い貧血を引き起こしますが、これは過度の流涎、粘液性下痢便、皮膚発疹など特有の症状がみられる場合に検討すべきレメディーです。推奨ポーテンシーは6Cで、1日3回、10日間投与します。

□**China**（チャイナ）

　これはホメオパシー的に調剤されたキニーネで、体液の喪失によって衰弱をきたした場合の主要レメディーの1つです。推奨ポーテンシーは6Cで、1日3回、7日間投与します。

注：貧血が疑われた場合には常に適切な血液検査を行う必要があります。それによって貧血の種類や何らかの疾患を示唆する白血球数の異常の有無がわかるでしょう。

第11章　アレルギー性疾患

1. アナフィラキシー

　これは過敏状態を示しますが、何らかの特定の抗原と接触することによって、あるいは血清注射などを通じてほかの猫から抗原を受け取ることによって発生します。また、アナフィラキシーを引き起こす物質を含む可能性のある組織もあります。

【臨床症状】
　血液循環の悪化を伴う細動脈収縮から深刻な機能障害の発生に至る、局部的ないし広範囲に及ぶ炎症として現れます。アナフィラキシーショックは、しばしば嘔吐、下痢、激しい疲憊を伴い、基本的には原因となる抗原、通常、高度免疫血清にさらされると急激に発生します。そのほかの症状としては、呼吸困難、平衡障害、可視粘膜の蒼白化などが含まれます。

【治　療】
　時間的に間に合えば、次のようなレメディーが役立つ可能性があります。
□**Aconite**（アコナイト）
　これは、ただちに投与すべきレメディーで、特に突然発症した場合のショックの軽減に役立つでしょう。推奨ポーテンシーは10Mで、単回投与で十分なはずです。
□**Camphor**（カンファー）
　これは、下痢があり体表が極端に冷たい虚脱状態に非常に有用なレメ

ディーです。便は水様で黒ずんでおり、下痢の発作が突然起こります。推奨ポーテンシーは30Cで、頻繁に投与します。

□**Carbo-veg.**（カーボベジ）

　空気飢餓ないし呼吸困難の症状が現れた場合に、このレメディーが役立つでしょう。瀕死状態と思われる患畜に力と暖かさをもたらすという定評を得ています。推奨ポーテンシーは200Cで、必要なだけ繰り返し投与します。

□**Veratrum**（バレチューム）

　このレメディーも疲憊と下痢を伴う虚脱状態に有用ですが、この場合はCamphorの症状像と違い、症状はそれほど激しくありません。便は緑色を帯びる傾向があります。推奨ポーテンシーは30Cで、3時間ごとに4回投与します。

□**Rescue remedy**（レスキューレメディー）

　バッチ・フラワーレメディーはポーテンタイゼーションされていませんが、非常に有益な場合が多々あります。なかでもこれは肉体的および精神的外傷に最も有用なレメディーで、幸福感を増進します。

2. アレルギー性接触皮膚炎

　これは動物が皮膚と接触した刺激性物質に対する反応を示す場合の、しばしば遅延性の過敏症を指します。接触時間は原因物質によって短い場合も長い場合もあります。患畜には素因があるにちがいありません。

【臨床症状】

　通常、病巣は四肢の内側、鼠径部、趾間部など被毛のない部分に限られます。最初に紅斑が現れますが、やがて丘疹に変わります。ひどくなると、病巣はほとんど全身に及びます。

【治　療】

　次のようなレメディーを検討しましょう。

□**Rhus-tox.**（ラストックス）

丘疹が発達する前の初期の紅斑段階に示唆されます。かゆみは激しいかもしれません。推奨ポーテンシーは１Ｍで、１時間ごとに３回投与します。

□**Antim-crud.**（アンチモクルード）

丘疹段階に有用なレメディーで、小水疱の発達を防ぐのに役立つでしょう。推奨ポーテンシーは６Ｃで、１日３回、３日間投与します。

□**Thallium**（サリューム）

ほかのレメディーが回復過程に役立ったあと、皮膚の健全な働きを促すのに有用なレメディー。推奨ポーテンシーは30Ｃで、１日１回、７日間投与します。

□**Mixed-grasses**（ミックスドグラシース）

このレメディーは、春の草との接触が原因で生じる皮膚炎のために開発されました。推奨ポーテンシーは30Ｃで、１日１回、10日間投与します。

□**Cortisone**（コーチゾン）30C、**Betamethasone**（ベタメサゾン） 30C、**Prednisolone**（プレドニゾロン）30C

これらのポーテンタイゼーションされたステロイドには、それぞれ副作用を全く引き起こさずに炎症を抑える効果のあることがわかっています。１日１回、７日間投与しましょう。

□**Specific nosode**（スペシフィック・ノゾーズ）

これは原因物質からつくられるノゾーズのことですが、30Cのポーテンシーを用いましょう。また、ほかの適切なレメディーと併用することができます。

3. 乗り物酔い

　この痛ましい病態は、幸いにも猫では犬ほど一般的ではありませんが、それでもたまに起こります。ここでは旅行中の猫に不快な症状をもたらす動きをすべて考慮することにし、車酔いだけでなく、飛行機酔いも船酔いも含めます。

【臨床症状】

　移動が始まるとすぐ、あえぎ、流涎、嘔吐などの苦痛の症状が顕著になります。ときどき排便も起こります。食欲不振と苦痛の症状は旅行が終わってもしばらく続くことがありますが、おそらく人間の場合と同じく吐き気があるのでしょう。

【治　療】

　食べたあとすぐに猫を車や飛行機に乗せることは避けましょう。猫を籠に入れて車の床に置き、猫に窓の外が見えないようにするのはよい考えです。なぜなら、視覚の混乱が症状の発現に関係していると考えられているからです。検討すべき主なレメディーはCocculus（コキュラス）で、6Cないし30Cのポーテンシーを使い、旅行を始める直前に1回分ないし2回分の投与量を与えます。

　これまで効果を発揮してきたそのほかのレメディーとしてPetroleum（ペトロリューム）30Cがありますが、これはガソリンのにおいの影響を受けると思われる猫がいることと関係があります。Tabacum（タバカム）30Cは特に船酔いに効果的です。Ipecac（イペカック）30Cは、頻繁に嘔吐があり、吐き気の症状を伴うときに有用です。Apomorphine（アポモーフィン）6Cは、多量の流涎を伴う持続的な激しい嘔吐が併発するときに役立ちます。

第12章　筋肉の病気

1. 筋　炎

ときどき筋肉線維の炎症がみられますが、犬よりはまれです。

【原　因】
　原因は全身性ないし外傷性です。全身性の場合は通常、細菌やウイルスの感染があり、外傷性の場合は何らかの損傷に関連します。外傷部は一般に組織の感染をきたし、それが広範囲に及ぶことがときどきあります。

【臨床症状】
　特定の筋肉の腫脹がわかることもありますが、そのような症状が特にみられないこともしばしばあります。飼い主が気づくのは、猫を動かそうとしたり、抱き上げようとしたりすると悲鳴を上げることです。患畜は侵された筋肉に応じてさまざまな姿勢をとります。たとえば、腰部の筋炎の場合は背中を丸めます。腹部が板のように感じられる場合は、その部分の筋肉に痛みがあることを示します。

【治　療】
□**Aconite**（アコナイト）
　これは常に初期段階に検討すべきレメディーで、痛みを軽減するでしょう。特に細菌性ないしウイルス性の場合に有益です。突然発症した場合は、ショックを和らげるでしょう。推奨ポーテンシーは1Mで、1時間ごとに3回投与します。

□**Rhus-tox.**（ラストックス）

　このレメディーは、動きはじめるときには痛みがあるものの動くと楽になる場合に示唆されます。右側よりも左側の筋肉のほうが侵されやすいかもしれません。ひどくずぶ濡れになったことや、長く湿気にさらされたことが発症に関係している場合にこのレメディーが示唆されます。推奨ポーテンシーは6Cで、1日2回、21日間投与します。

□**Bryonia**（ブライオニア）

　このレメディーは動くのを嫌う場合に示唆されます。猫は侵された筋肉を下にして横たわろうとし、患部を圧迫すると症状が和らぎます。患畜は暖かさも好みます。推奨ポーテンシーは6Cで、1日2回、15日間投与します。

□**Curare**（キュラーレ）

　このレメディーは、全身的な筋肉の脱力がみられるとき、あるいは不全麻痺状態になったときに示唆されます。筋肉反射は消失します。推奨ポーテンシーは30Cで、1日1回、14日間投与します。

□**Causticum**（コースティカム）

　このレメディーは、腱の収縮と筋肉の硬直を伴う場合に役立つ可能性があります。この場合も暖かさによって症状が軽減します。このレメディーは歩行が不安定な高齢の患畜により適応します。推奨ポーテンシーは12Cで、1日2回、14日間投与します。

□**Zincum**（ジンカム）

　このレメディーは侵された筋肉の振戦と関係があります。この症状は、通常、細菌ないしウイルスの感染が原因です。推奨ポーテンシーは30Cで、1日1回、21日間投与します。

□**Strychnine**（ストリキニーネ）

　このレメディーは全身症状の一部として筋肉の激しい収縮が起こる場合に示唆されます。さまざまな姿勢をとる可能性があります。推奨ポーテンシーは30Cで、1日1回、15日間投与します。

□**Gelsemium**（ジェルセミューム）

　虚弱と麻痺がこのレメディーの大特徴です。筋肉が全般的に侵される

可能性があります。原因は通常、全身性です。運動させると虚脱をきたす可能性があります。推奨ポーテンシーは12Cで、1日1回、14日間投与します。

2. 黄脂症

　これは、魚でも特に脂分に富んだ魚を多く含むバランスの悪い食餌が原因で生じる病態を指します。比較的まれですが、ときおりみられるかもしれません。

【臨床症状】
　患畜は手で触れられるのを嫌い、無気力な様子で動きたがりません。一般的に、体温が上昇し食欲不振があります。腹部の触診を嫌いますが、小さな脂肪の塊が触知できることもあります。

【治　療】
　食餌に魚を入れすぎないようにするとともに、次のようなレメディーを検討しましょう。
□**Bryonia**（ブライオニア）
　ほとんどの場合、休むと症状が改善するようにみえるので、このレメディーが示唆されます。推奨ポーテンシーは6Cで、1日3回、3日間投与します。
□**Aconite**（アコナイト）
　体温が上昇している場合は、早く投与すべきです。体温を安定させ、ショックを軽減するでしょう。推奨ポーテンシーは1Mで、1時間ごとに4回投与します。
□**Nux-vomica**（ナックスボミカ）
　このレメディーを使うと食欲不振が改善され、食欲が増進するはずです。推奨ポーテンシーは6Cで、1日3回、5日間投与します。
□**Calc-fluor.**（カルクフロアー）

このレメディーは、できた小さな脂肪塊を消失させるのに役立つはずです。推奨ポーテンシーは6Cで、1日3回、7日間投与します。

□**Silica**（シリカ）

　状態が慢性化し、脂肪塊が硬くなる傾向があるときに、このレメディーが役立つはずです。推奨ポーテンシーは200Cで、1週間に2回、6週間投与します。

第13章　筋骨格系の病気

骨の障害ないし疾患は猫では比較的まれですが、それでもたまに次のような病態に出合う可能性があります。

1. 骨粗鬆症

これは骨が次第に多孔質になる状態を表すために使われる病名です。原因は代謝障害で、それによって骨形成不全をきたしますが、さまざまな全身疾患が原因となる可能性があります。患畜には骨折しやすい傾向がみられるかもしれません。

【治　療】
　次のレメディーはどれも役立つ可能性があります。
□**Calc-phos.**（カルクフォス）
　これは成長期の子猫に非常に役立つレメディーで、骨と筋肉の発達に深く作用します。推奨ポーテンシーは30Cで、1日1回、21日間投与します。
□**Calc-fluor.**（カルクフロアー）
　フッ化カルシウムは優れた組織レメディーで、骨の硬化と骨膜の強化に役立ちます。推奨ポーテンシーは30Cで、1日1回、21日間投与します。
□**Hecla-lava**（ヘクララーバ）
　このレメディーも骨に作用し、ポーテンタイゼーションされていないものは、さまざまな種類の外骨腫を引き起こします。過度の外骨腫は骨のもろさや骨折をきたします。ホメオパシー的に用いると、外骨腫の治

療に優れた結果をもたらします。推奨ポーテンシーは12Cで、1日2回、21日間投与し、続いて1Mを1週間に1回、4週間投与します。
□**Silica**（シリカ）

これも優れた組織レメディーで、骨格系全般に有益な作用を及ぼします。推奨ポーテンシーは200Cで、1週間に1回、6週間投与します。

2．骨髄炎

これは骨の感染を表す病名で、急性型では、感染は髄腔と呼ばれる骨の空洞から発生します。慢性型の場合は、感染は骨膜から発生し、皮膚に開口する瘻を形成します。

【原　因】

急性型は、輸血ないし開放骨折によって化膿菌が骨髄に侵入すると発生します。慢性骨髄炎は、刺し傷や咬傷が原因で感染が骨膜に達すると発生する可能性があります。骨髄炎に関係する化膿菌は主としてブドウ球菌ですが、連鎖球菌が関与することもあります。

【臨床症状】

急性型の特徴は、跛行、発熱発作、侵された肢の腫脹です。慢性型の初期によくみられる徴候は瘻が形成されて化膿性分泌物が出ることです。発熱症状は急性型に比べてはるかに目立ちません。

【治　療】

次のレメディーは急性型にも慢性型にも有用です。
□**Aconite**（アコナイト）

常に急性型の初期の発熱段階に投与すべきレメディー。推奨ポーテンシーは1Mで、1時間ごとに4回投与します。
□**Hepar-sulph.**（ヘパソーファー）

急性型で激しい痛みを伴う場合は、これが非常に有用なレメディーと

なる可能性があります。このレメディーを使う目安となる症状は痛みに極度に敏感なことです。推奨ポーテンシーは30Cで、1日3回、7日間投与します。

□**Ruta**（ルータ）

このレメディーは骨膜の感染ないし炎症に効果があるので、急性型に投与すると慢性型に移行するのを防ぐという意味で役立つはずです。推奨ポーテンシーは6Cで、1日3回、10日間投与します。

□**Calc-fluor.**（カルクフロアー）

このレメディーは成長期の子猫の治療に有益なはずです。推奨ポーテンシーは30Cで、1週間に3回、6週間投与します。

□**Silica**（シリカ）

瘻が形成された慢性型に適したレメディー。推奨ポーテンシーは200Cで、1週間に2回、6週間投与します。

□**Tuberculinum-bovinum**（チュバキュライナムボーバイナム）

猫の骨髄炎は、人間の場合に多くみられるように結核と関係があるとは考えられていません。しかし、それでもこのレメディーがその種の骨疾患に有用であることは覚えておくに値します。推奨ポーテンシーは200Cで、1カ月に1回、3カ月間投与します。

□**Symphytum**（シンファイタム）

骨が弱くなる傾向ないし骨折しやすい傾向があるときに検討すべき有用なレメディー。これは優れた一般的な治療剤です。推奨ポーテンシーは200Cで、1週間に1回、8週間投与します。

□**Staphylococcinum-aureus**（スタフィロコカイナムアウレウス）

このノゾーズは適切なレメディーと併用する必要があります。200Cの単回投与で十分なはずです。

3. くる病ないし骨軟化症

　これらの病名は骨がカルシウムやリンなどのミネラルを同化できず、骨の軟化および関節の変形や肥厚をきたすことを意味しています。くる病という名称は成長期の子猫の病態に対して、骨軟化症は成猫の同じ病態に対して使われます。

【原　因】
　根本原因はカルシウム／リン代謝の不全で、ビタミンＤの不足とも関係があります。

【臨床症状】
　くる病で骨が軟化すると骨の湾曲をきたす一方、骨端部では関節が腫脹し痛みを伴います。肋骨の場合は'数珠状'に隆起します。幼いときにかかると重度の跛行をきたします。骨軟化症はそれほど骨の変形を伴わず、主な症状は跛行です。

【治　療】
　(a) くる病
　これは猫ではそれほど一般的ではありませんが、次のようなレメディーを覚えておきましょう。

□**Calc-phos.**（カルクフォス）
　これは検討すべき主要レメディーで、カルシウム／リン比率の安定化に役立つはずです。推奨ポーテンシーは30Cで、1週間に2回、6週間投与します。

□**Calc-carb.**（カルカーブ）
　これも似たようなレメディーですが、上記のレメディーによって期待した結果が得られないときに必要になる可能性があります。ペルシャネコやバーマンの子猫により適しています。

(b) 骨軟化症

　Silica（シリカ）、Hecla-lava（ヘクララーバ）、Calc-fluor.（カルクフロアー）はどれも骨の強化に役立つレメディーです。12Cから200Cの範囲のポーテンシーが必要かもしれません。

4. 骨形成不全症

　この病態は猫では上記のものよりも一般的で、カルシウム不足の食餌が原因のようにみえるかもしれません。シャムネコが特にかかりやすいと考える専門家もいます。

【臨床症状】

　子猫は本来よりも活発でないようにみえます。骨がもろく、突発性骨折をきたしますが、その前に著しい痛みと跛行がみられます。はっきりしない場合はＸ線検査が必要になることもあります。

【治　療】

　カルシウムとリンが関係する２つの元素で、それらをCalc-phos.（カルクフォス）30Cとして、１週間に２回、８週間投与する必要があります。Hecla-lava（ヘクララーバ）も初期の骨の脆弱化がみられる場合に骨の強化に役立つでしょう。12Cのポーテンシーで、１週間に２回、４週間投与しましょう。Silica（シリカ）も検討すべきもう１つのレメディーですが、もっと長期的に、200Cのポーテンシーを１週間に２回、６週間投与すると役立つでしょう。

5. 骨の腫瘍

　これにはさまざまな種類の骨肉腫が含まれますが、ときおりみられます。いろいろな部位に発生しますが、最も一般的なのは前肢上部と後肢上部です。程度のさまざまな隆起として現れ、通常痛みと跛行を伴いま

す。治療は簡単ではありませんが、Silica（シリカ）、Hecla-lava（ヘクララーバ）、Condurango（コンデュランゴ）、Calc-fluor.（カルクフロアー）などのレメディーを30～200Cのポーテンシーで用いて成功した例もあります。

6. 関節炎

　変形性関節症とリウマチ性関節炎の2つの型の関節炎がみられますが、おそらく後者のほうがより一般的でしょう。変形性関節症は主に脊椎を侵し、一種の脊椎炎となります。患畜は跛行を示し、動きたがりません。関節の触診を嫌がります。検討すべきレメディーは、Rhus-tox.（ラストックス）6C～1M、Bryonia（ブライオニア）6C、Salicylic-acid.（サリチリックアシッド）30C、Cimicifuga（シミシフーガ）30C、Mineral extract（ミネラルエクストラ）6Xなどです。反応に応じてレメディーを変えながら長期にわたって治療する必要があるかもしれません。

　いわゆるリウマチ性関節炎の場合は、さまざまな部位の関節が侵されるのが普通で、一個所だけということは非常にまれです。手首などの比較的小さな関節に起こることが多く、滑液が増え、それが痛みを伴う腫脹をもたらします。

【臨床症状】
　体温上昇や関節を触診するときの激しい痛みなどが含まれます。食欲が減退し、倦怠感や体重減少もみられます。

【治　療】
　Rhus-tox.（ラストックス）6C～1M、Formic-acid.（フォーミックアシッド）6C、Cimicifuga（シミシフーガ）30C、Caulophyllum（コーロファイラム）30Cなどのレメディーは、全体症状に応じてどれも役立つことが知られています。Apis（エイピス）30Cも過剰な滑液によって関節がむくんだようにはれた場合に示唆されます。

7. ビタミン A の過剰給餌

　猫にビタミン A が豊富な肝臓を与えすぎると、関節、特に手首や頸部の関節の骨肥大をきたします。重い場合には関節が全く動かなくなることもあります。関節が動かないと関連する筋肉が衰えます。治療を成功させるには、肝臓を食餌の材料に使うのをやめ、たとえば腎臓など別の種類の蛋白質に替える必要があります。病態がそれほど進んでいなければ、Rhus-tox.（ラストックス）6 C 〜 1 M、Salicylic-acid.（サリチリックアシッド）30C、Caulophyllum（コーロファイラム）30C、Cimicifuga（シミシフーガ）30C などのレメディーはいずれも検討に値します。軽症の場合は肝臓の給餌をやめると自然に治る可能性があります。

第14章　粟粒湿疹および脱毛

1. 避妊ないし去勢によるもの

　これらの病態は避妊ないし去勢の結果として雌猫にも雄猫にも起こります。手術してから症状が現れるまでの時間はまちまちです。雌では一般的な問題ですが、雄の場合よりも深刻ではありません。

【臨床症状】

　湿疹型では、さまざまな部位、特に背骨に沿った部分と頭や首の周辺に吹き出物状の発疹がみられます。脱毛の場合は、脇腹や内股下部に被毛のない部分がみられます。患畜は一般的に落ち着かず、元気がありません。

【治　療】

　避妊ないし去勢手術のあと最初に検討すべきレメディーはStaphysagria（スタフィサグリア）で、このレメディーには心理的な作用があり、患者の不当な行為を受けたという感情を取り除くのに役立ちます。これは人間では十分に立証されていることであり、動物も同様の感情に苦しむと考えて差し支えありません。とにかく、このレメディーが非常に効果的であることがわかるでしょう。6Cを1日3回、3日間投与すれば十分なはずです。

　長期的レメディーとしては、雌の場合は卵巣ホルモンのFolliculinum（フォリキュライナム）とOvarinum（オバリナム）、雄の場合はTestosterone（テストステロン）が含まれます。最初にFolliculinumの6Cを1日2回、21日間投与し、その後1週間あけて同じレメディーの

30C を 1 週間に 3 回、4 週間投与します。このやり方で大半がよい結果を得るでしょう。Ovarinum にも同じような作用がありますが、経験からすると結果は Folliculinum のほうが勝っています。この病態は、間隔は一定しませんが再発する傾向がありますので、投与を繰り返す必要があるかもしれません。実践してみると、猫によってレメディーの効果が長続きする場合もあることがわかるでしょう。

　Testosterone の 30C および 6C も雄猫の粟粒湿疹と脱毛に上記と同じ手順で使用できますが、結果は女性ホルモンを使った場合よりよくない傾向があります。

2. 猫疥癬

　このネコショウヒゼンダニと呼ばれるダニの感染は、珍しくありません。主に耳の下と目との間の皮膚に現れます。

【臨床症状】

　軽症の場合は、軽い炎症のために猫が患部をかいたり、なめたりするので被毛が薄くなります。重くなると病巣は耳に達し、さらに首を通って肩まで広がることもあります。皮膚はやがて肥厚し、激しいかゆみに襲われます。

【治　療】

　次に挙げるレメディーはどれも感染の段階に応じて役立つ可能性があります。

□**Morgan**（モーガン）30C

　この腸内細菌レメディーは初期段階に有用で、1 日 1 回、5 日間投与します。

□**Sulphur**（ソーファー）200C

　これは上記のレメディーのあとによく合うレメディーで、1 週間に 1 回、4 週間投与します。

□**Psorinum**（ソライナム）30C

このレメディーは（涼しさを求める Sulphur とは逆に）暖かさを求め、激しいかゆみがある場合に示唆されます。投与量は1日1回、14日間です。

□**Arsenicum**（アーセニカム）30C

このレメディーが必要となるときには、患畜が嘔吐や軟便などの全身症状を示す可能性があります。これは非常に役立つ一般的な皮膚のレメディーです。1日1回、14日間投与します。

□**Thallium**（サリューム）30C

このレメディーは毛包に対する強壮効果があるので、毛包が破壊されていなければ、被毛の再生に役立つでしょう。これはほかの救急レメディーを投与したあとに使うと効果的です。1日1回、21日間投与します。

□**Lycopodium**（ライコポーディウム）200C

これは軽度の脱毛に対するもう1つの有用なレメディーで、胆汁症などの消化障害や肝障害の症状がみられる場合に必要になるかもしれません。投与量は1週間に2回、5週間です。

注：ホメオパシーによる治療と適切な外用薬を併用する必要があるかもしれません。外用薬は注意して使えばレメディーの邪魔になることはないはずです。

3. 侵食性潰瘍

これはそれほど珍しくない皮膚の病変で、肉芽腫のかたちをとりますが、残念ながら浸潤性の傾向があります。皮膚粘膜移行部に近い口唇上部に発生します。

【臨床症状】

病巣は明瞭で、くぼんだ潰瘍のかたちをとり、縁は盛り上がって外側に増殖します。

【治 療】

　治療に十分に反応する患畜もいれば抵抗性の患畜もいますが、次のレメディーはどれも有用であることがわかっています。

□**Nitric-acid.**（ニタック）200C

　このレメディーは、皮膚と粘膜の両方が侵されている場合には常に検討する価値があります。1週間に3回、4週間投与しましょう。

□**Kali-bich.**（ケーライビック）200C

　これは、浸潤性の潰瘍状態に成果を上げてきたもう1つのレメディーで、よい反応を示した侵食性潰瘍の症例が多くあります。1週間に3回、6週間投与する必要があるかもしれません。

□**Anthracinum**（アンスラサイナム）200C

　このノゾーズはプルービングにおいて、病巣中心部が壊死する侵食性潰瘍の症例に似た症状像をもたらします。200Cのポーテンシーを1週間おいて2回試してみましょう。

第15章　外　傷

　皮膚の破綻を伴わない外傷ないし打撲傷は、ただちにArnica（アーニカ）で治療しましょう。30Cのポーテンシーを使い、1日3回、5日間投与します。これによって外傷が原因でさらに深刻な状態になるのが抑えられるでしょう。このレメディーは、最初に外傷を負ったのがたとえ何カ月も前のことであっても示唆されます。特に、筋肉や目などの軟部組織の外傷に効果があり、皮下出血の吸収を促すでしょう。

　骨膜損傷をきたす骨の外傷の場合は、Arnicaよりも骨膜に深い作用を及ぼすRuta（ルータ）が必要になるかもしれません。Rutaはたとえば打撲傷など目の外部の損傷にもきわめて有効で、この場合はArnicaと併用することも考えられます。Hamamelis（ハマメリス）も目の打撲傷に非常に効果があるので、ほかのレメディーと併用するとよいでしょう。Hamamelisは一般的に充血をなくすのに役立ちます。

　外傷が開放性で、皮膚が切れ、しかも深部組織が損傷を受けている場合はさまざまなレメディーが必要になります。主なものを挙げておきます。

☐ 開放創は**Calendula**（カレンデュラ）と**Hypericum**（ハイペリカム）の原液を合わせて10倍に希釈した溶液で頻繁に洗浄しましょう。

　それによって神経損傷による痛みがすばやく軽減するでしょう。それと同時に、Hypericum 1Mの内服投与も行いましょう。1日1回、5日間投与すれば十分です。

☐ **Ledum**（リーダム）

　このレメディーは、咬傷も含めて刺し傷に最も効果があります。Hypericumと併用すると悪化を防ぐでしょう。ポーテンシーは6Cから200Cの範囲で、1日3回、2日間投与します。

□Hepar-sulph.（ヘパソーファー）

猫の場合によくみられるように外傷が化膿段階に進んだときには、このレメディーが回復を助けるはずです。6Cなどの低ポーテンシーを与えると化膿を促進し、それを通じて治癒過程を助けるでしょう。200Cから1Mのような高ポーテンシーは化膿を終わらせ、急速な治癒を促すでしょう。このレメディーが必要となる外傷は接触にきわめて敏感です。

□Silica（シリカ）

開放創の感染が慢性化し、（猫によくみられるように）瘻形成を伴う組織の機能低下をきたした場合は、このレメディーが役立つはずです。200Cのポーテンシーで1週間に3回、4週間投与します。

骨折を含む外傷は Symphytum（シンファイタム）200C を1週間に2回、8週間投与すると、骨の癒合に役立つはずです。いうまでもありませんが、これは手術の代わりにはなりません。しかし、回復期間を短縮するでしょう。

外傷というテーマを終える前に、身体には2個所、Arnica などのよく認められたレメディーよりも特殊なレメディーのほうが効果的だと思われる部位があることを述べておきたいと思います。それは頭部の外傷と脊椎下部の尾骨の外傷です。頭部の外傷は Nat-sulph.（ナットソーファー）200C によく反応します。頭部外傷を原因とする病態の治療には、まずこのレメディーを使いましょう。尾骨の外傷には Hypericum 1M を1日1回、7日間投与する必要があります。ホメオパシーのレメディーに関しては'特効薬'という言葉は決して好まれませんが、Hypericum はこの特殊な外傷の特効薬にきわめて近いと思われます。

第16章　寄生虫（ノミ）

　ノミにどう対処するかは猫によっては頻繁に起こる難問です。ノミはどの猫にも寄生するというわけではなく、健康で栄養状態のよい猫にはそれほど感染しません。Sulphur（ソーファー）30Cを1週間に2回、4週間投与する通常のコースを、2週間あけてもう一度繰り返すと、猫をノミが感染しにくい状態にするのに役立つ可能性があります。

　また、香油を使って、1週間に2回、被毛のブラッシングをしても効果がありますが、非常に強力な芳香物質があるので、ホメオパシー療法を受けない猫に限って使うべきです。

　定期的に櫛やブラシで手入れをしてやると効果があるでしょう。有毒なスプレーの使用はどんな場合にも避けましょう。その時点では効果があるようにみえても、ノミが抵抗性をもつようになります。同じことがノミよけの首輪にもいえます。その多くが有毒です。

第17章　ワクチン接種法

　これはノゾーズおよび経口ワクチンを使う方法です。投与頻度に関する厳格な基準はありませんが、これまでに十分な結果を得ている方法は、粉剤ないし錠剤を1日朝晩2回3日間投与したあと、1週間に1回4週間投与し、その後は1カ月に1回6カ月間投与するというものです。

　通常の注射によるワクチン接種と経口経路を用いるワクチン接種との間には、根本的な違いがあります。前者の場合は抗原（ワクチン物質）を皮下注射ないし筋肉注射すると、一定の期間をおいて血流のなかに特定の抗原に対する抗体が産生されます。ほとんどの場合、この方法を用いると特定の疾患に対して一定の防御体制が確立できますが、批判すべき点が2つあります。第1に、この方法は身体の防御システムを十分に動員していません。第2に、ワクチン物質に含まれる蛋白質の異物性による副作用の危険があります。通常のワクチン接種のこの側面については多くの動物で十分に実証されています。

　他方、経口ワクチンは防御システム全体を動員するので、より強固な免疫が得られます。ワクチンが口に入るとともに全防御システムが動員され、投与が繰り返されるたびに防御がいっそう強化されます。この防御の強化は扁桃組織からリンパ管を経由して細網内皮系全体を動員することによって行われます。この機序は'ストリート感染（street infection）'として知られるものと同じです。つまり、ほかの動物との日常的な接触を通じてウイルスなどを摂取するのと同じようにして免疫が高まります。

　猫ウイルス性鼻気管炎に対する通常ワクチンの製造者たちも、この原理を理解して鼻腔内投与用製品を販売しています。

　ホメオパシーの方法による防御のもう1つの利点は、子猫がまだ非常

に小さいときに、たとえば必要なら生後1週間以内でもワクチン接種が始められることです。それが母子抗体の妨げになることは全くありません。

注：通常のワクチン接種のあとに望ましくない副作用が起きることがときどきありますが、これはポーテンタイゼーションされたウイルスを使えば、ある程度相殺することができます。この場合、症例の重篤度に応じて投与間隔を変えながらポーテンシーを上げていきます。幸いなことに、猫の場合は、通常ワクチンによる副作用の症例は犬に比べて非常に限られています。

　ホメオパシーの経口ワクチンを用いる場合には副作用はありません。ほかのレメディー同様、ときに何らかの反応が観察されることがありますが、それは一過性ですぐに消失します。

第18章　猫特有の病気

　呼吸器系ウイルスから取り上げますが、その出現率は特定の地域や場所に集まった猫の数に正比例します。ウイルスの伝播は、特定の'コロニー'に属する感染猫がそのコロニー以外の猫に接触すると急速に起こります。主な呼吸器系ウイルス感染症は猫ウイルス性鼻気管炎（FVR）とカリシウイルス感染症です。

1．猫ウイルス性鼻気管炎（FVR）

【症　状】
　長くて10日ほどの潜伏期間を経て、結膜疾患の徴候が明らかになり、透明な分泌物がみられます。上部呼吸器症状はくしゃみや鼻水として現れます。体温は重い症例では105°F（約40.5℃）まで上がる可能性があります。ときおり咽喉の炎症病巣とともに、流涎がみられます。この段階で、透明な分泌物が化膿性に変わるかもしれません。慢性型に移行すると、気管支炎症状が現れ、おそらく二次的合併症として肺炎を伴います。慢性感染に苦しむ猫の多くが鼻中隔潰瘍をきたし、くしゃみをして血液の混じった粘液を出すことがあります。
　この潰瘍は鼻軟骨や鼻甲介骨の壊死に至ることもあります。この病気が最も重くなるのは年齢的に両極端の猫、つまり幼い子猫と高齢の猫で、ともにそれまでの保護がなくなったときです。臨床的に回復した猫は保菌動物となり、ストレス状況下でウイルスを排出する可能性があります。また、たまに再発して症状が再び現れる可能性もあります。

【治 療】

　次のレメディーは、症状に応じてどれも役立つことが知られています。

□**Pulsatilla**（ポースティーラ）

　これは調達可能なレメディーのなかで猫のための根本体質レメディーに最も近いといわれるもので、実際に多くの猫がこのレメディーによく反応しますが、ほかにも同じくらい有益なレメディーがあります。このレメディーが必要になる可能性のある猫は一般的に愛情深く、一定しない症状と気分のむらを示します。分泌物は通常、量が多く非化膿性です。感染の初期段階に検討する価値があり、よい反応が得られれば、病態が悪化し慢性化するのを防ぐのに役立つでしょう。推奨ポーテンシーは30Cで、1日3回、5日間投与します。

□**Silica**（シリカ）

　治療が遅れ、目の組織に角膜炎などの二次疾患が発生したときは、このレメディーが役立つ可能性があります。初期の瘢痕組織の消失を促し、この段階に顕著となる混濁の除去に役立つでしょう。推奨ポーテンシーは200Cで、1週間に3回、6週間投与します。

□**Antim-tart.**（アンチモタート）

　このレメディーは、気管支肺炎症状が起きたときに役立つはずです。咳は湿性で、喀痰の量は少なく粘液膿性です。このレメディーを必要とする患畜は、左側ではなく右側を下にしてしばしば横たわっているかもしれません。推奨ポーテンシーは30Cで、1日1回、10日間投与します。

□**Phosphorus**（フォスフォラス）

　この深く作用するレメディーは、鼻中隔や鼻甲介骨が侵された場合に役立つ可能性があります。それらの組織に壊死ないし骨瘍をきたし、激しいくしゃみをして血液の混じった化膿性粘液を出す場合はこのレメディーが必要になります。血液の混じった粘液を喀出する気管支疾患にも示唆される可能性があります。出血は、さまざまな組織に対する破壊的作用とともにこのレメディーのキーノートです。推奨ポーテンシーは200Cで、1週間に3回、4週間投与します。

第18章 猫特有の病気

□**Kali-bich.**（ケーライビック）

このレメディーは、鼻や気管支から出る分泌物が濃厚で、粘り気があり、黄色がかっている場合に示唆されます。喀出やくしゃみをしても粘液はほとんど出ません。鼻中隔潰瘍が発生したときにこのレメディーが示唆されます。推奨ポーテンシーは200Cで、1週間に2回、6週間投与します。

□**Fluoric-acid.**（フルオリックアシッド）

鼻中隔が慢性的に侵された場合、特に老猫に示唆されます。副鼻腔部を圧すと嫌がります。不快な鼻汁が出ます。病態は周期性を示し、たとえば、症状が和らぐ期間と悪化する期間が交互にみられることがあります。推奨ポーテンシーは30Cで、1日1回、14日間投与します。

□**Kreosotum**（クレオソタム）

気管支組織が激しく侵され、気管支拡張症をきたすと予想ないし診断された場合に、このレメディーが示唆される可能性があり、しばしば成功を収めてきました。組織の壊疽をきたす傾向があります。息が極端に臭くなります。推奨ポーテンシーは200Cで、1週間に3回、6週間投与します。

□**FVR nosode**（FVRノゾーズ）

このノゾーズは常に適切なレメディーと併用され、その作用を補完し回復を促進します。推奨ポーテンシーは30Cで、1日1回、7日間投与します。

2．カリシウイルス感染症

このウイルス性疾患は、感染の激しさや関係する組織によってさまざまな症状を呈します。

【症　状】

しばしば非常に口が侵され、舌や頬粘膜の潰瘍として現れます。鼻中隔に潰瘍ができ、くしゃみの発作が起きて粘液膿性の分泌物が出ます。

肺炎は一般的な合併症で、甚急性の症例では死の転帰をとることもまれではありません。体温は105°F（約40.5℃）程度まで上昇するかもしれません。多量の流涎が、太いひも状に流れ出ます。

【治　療】
　上部呼吸器症状には、先に述べた猫ウイルス性鼻気管炎に使われるレメディーが必要になる可能性があります。そのほかに、次のようなレメディーがあります。

□**Mercurius**（マーキュリアス）
　このレメディーは、流涎が過剰にみられるときに示唆されます。口の障害一般に効果がありますが、潰瘍がある場合にはほとんど使われません。口は全体的に汚れてみえ、様態は日没から日の出にかけて悪化します。推奨ポーテンシーは30Cで、1日1回、14日間投与します。

□**Borax**（ボーラックス）
　これは、口腔粘膜が侵され潰瘍がみられる場合に検討すべき有用なレメディーです。状況によっては神経症状も現れ、患畜は恐怖心を示します。階段を下ったり、椅子から降りたりするのを非常に嫌がります。この場合も、過剰な流涎があり、さらに肉趾に圧痛があるかもしれません。推奨ポーテンシーは6Cで、1日3回、14日間投与します。

□**Phosphorus**（フォスフォラス）
　このレメディーは、肺炎を併発した場合に役立つはずです。通常、肺組織が急激に侵され、激しい呼吸困難をきたします。喀痰は少量で、血液が混じっています。このレメディーが示唆されるときは、肝臓が侵されている可能性がありますが、その場合の特徴は胆汁性嘔吐です。水や食べ物は摂取後すぐに嘔吐され、便は糊状か粘土色をしています。推奨ポーテンシーは200Cで、1週間に2回、6週間投与します。

□**Nosode**（ノゾーズ）
　この場合も、ノゾーズを適切なレメディーとともに使うことが示唆されます。1日1回、7日間投与すれば通常十分です。

3. クラミジア感染症（猫肺炎）

　この病気の原因はクラミジアと呼ばれる微生物で、以前は分布状況がもっと地域的に限定されており、感染する猫の数も限られていましたが、徐々に広がりつつあります。

【症　状】
　上部呼吸器系と涙器が侵され、刺激性の鼻炎が起こります。目の症状は顕著な激しい結膜炎ですが、ゴム状の粘着性の分泌物が出るので、上下の眼瞼がくっついてしまうことがときどきあります。眼瞼の炎症は肥厚をきたします。体温は常に正常です。幼い子猫の場合は、症状が特に重くなる可能性があります。

【治　療】
□**Arg-nit.**（アージニット）
　結膜が侵されて内眼角が赤く腫脹したときに最も有用なレメディーの1つ。一般的に化膿性の変化がみられます。慢性の場合は角膜潰瘍がみられる可能性がありますが、そのような場合にこのレメディーが役立つでしょう。このレメディーが必要な猫は手で触られるのを怖がって震えたり、逃げ出そうとするかもしれません。推奨ポーテンシーは30Cで、1日1回、10日間投与します。

□**Hippozaeninum**（ヒポゼナイナム）
　鼻炎状態において鼻汁がハチミツ色で粘着性になったときに検討すべきレメディー。鼻中隔の潰瘍を伴うかもしれません。推奨ポーテンシーは30Cで、1日1回、7日間投与します。

□**Graphites**（グラファイティス）
　粘着性の分泌物がこのレメディーのキーノートであり、特に目の分泌物に関して、特徴が顕著な場合に示唆されます。症状がひどく、粘着性の分泌物で目が開かなくなる場合に、このレメディーが必要になります。推奨ポーテンシーは6Cで、1日3回、7日間投与します。

□**Kali-bich.**（ケーライビック）

　鼻汁は濃厚な粘液膿性で黄色をしており、なかなか排出できません。推奨ポーテンシーは200Cで、1週間に2回、4週間投与します。

□**Lemna-minor**（レムナミノー）

　鼻汁が汚く悪臭を放つ場合に役立つもう1つのレメディー。患畜は湿った環境に敏感です。推奨ポーテンシーは30Cで、1日1回、10日間投与します。

□**Nitric-acid.**（ニタック）

　このレメディーは角膜潰瘍が生じた場合、特に潰瘍が眼瞼縁に近い場合に役立つ可能性があります。腸管症状が大腸炎というかたちで併発し、ネバネバした赤痢様の軟便が出ます。鼻炎もプルービングにおける顕著な特徴なので、黄色い侵食性の鼻汁をきたす慢性の鼻中隔の潰瘍状態にはこのレメディーを検討すべきです。推奨ポーテンシーは200Cで、1週間に2回、4週間投与します。

□**Phosphorus**（フォスフォラス）

　虹彩炎や網膜炎のように目の深部組織が侵された場合に検討すべき、深い作用を及ぼすレメディー。目のほか鼻の組織にも深い作用を及ぼします。たとえば、鼻甲介骨の潰瘍と血液が筋状に混じった化膿性の鼻汁をもたらします。推奨ポーテンシーは200Cで、1週間に2回、6週間投与します。

□**Nosode**（ノゾーズ）

　クラミジアのノゾーズがあり、適切なレメディーと併用することができます。推奨ポーテンシーは30Cで、1日1回、10日間投与します。

4. 猫伝染性腸炎（汎白血球減少症）

　これはパルボウイルス群に属する病原体による病気で、急性感染症として現れ、長ければ1週間ほど続くことがあります。感染猫の発症率が高く、死亡率は予防接種を受けていない場合は90％にも達する可能性があります。生まれつき抵抗力のある猫がいる可能性があります。

【症　状】
　感染猫は、長くて10日程度の潜伏期間を経て、激しい疝痛に苦しむ動物の様相を呈する可能性があります。つまり、背中を丸め、後肢を伸ばし、腹痛で悲鳴を上げます。激しい嘔吐が併発して急激な脱水をきたし、体調が急速に悪化します。患畜は水がほしくなりますが、水を飲むことができません。体温は106°F（約41℃）まで上がる可能性があります。患畜は目がくぼみ、不安そうな表情をし、やせこけてみえます。病気が進むと、胸臥位をとるのが特徴です。

【治　療】
□**Arsenicum**（アーセニカム）
　急性の汎白血球減少症にかかっている猫の症状像は、常に下痢を伴うとはかぎりませんが、ほとんどの面でヒ素中毒に似ています。したがって、これは最初に使うのに最もふさわしいレメディーであることがおわかりいただけるでしょう。痛みや嘔吐を軽減し、不安や落ち着きのなさを緩和するはずです。たとえば、1Mのポーテンシーを使い、1時間ごとに4回というように、頻繁に投与する必要があります。
□**Aconite**（アコナイト）
　これはできるだけ早く投与すべきレメディーで、ショックや恐怖を和らげ、一般的に患畜を落ち着かせるのに役立つでしょう。10Mの単回投与で十分なはずです。
□**Phosphorus**（フォスフォラス）
　Arsenicumの投与が終了しても嘔吐が続く場合に、このレメディーが

必要になる可能性があります。特に、患畜が水やミルクを飲むとすぐにもどすような場合です。また、ときどきみられるように、肺炎が起こる傾向がある場合にも、このレメディーが大いに役立つでしょう。推奨ポーテンシーは30Cで、1日2回、7日間投与します。

□**Baptisia**（バプティジア）

上記の諸レメディーに十分に反応しないような治療抵抗性の症例において、死後に腸粘膜の充血と出血が認められた場合は、このレメディーの必要性も示唆しています。ときどき口腔粘膜が黒ずんだ色をしているときに、このレメディーを検討する必要があります。猫がこの病気に対して下痢のような非定型的反応を示す場合は、このレメディーを必要とする可能性が高まります。

□**China**（チャイナ）

これは体液の喪失で衰弱をきたす脱水症などの症例の治療には常に検討すべきレメディーです。ほかのレメディーと併用することができます。頻繁に投与する必要があり、推奨ポーテンシーは6Cで、2時間ごとに4回ないし5回投与します。

□**Pyrogen**（パイロジェン）

これは、汎白血球減少症の多くの症例にみられるように、体温が弱い糸状脈を伴って繰り返し上昇するなど、体温と脈拍との間に食い違いがみられる敗血症状態に検討すべき最も重要なレメディーの1つです。脈拍と体温の双方をすばやく安定させ、患畜に安心感をもたらすのに役立つでしょう。常に高ポーテンシーで使うべきで、たとえば1Mを1時間ごとに5回投与します。

□**Cantharis**（カンサリス）

この病気では腸炎が急激に進行して腹膜炎を併発することがあります。その場合の顕著な臨床症状は腹筋が板のように硬くなり、患部を圧迫すると激しい痛みがあることです。推奨ポーテンシーは1Mで、1時間ごとに4回投与し、翌日再び1日に3回投与します。

【予　防】

　感染物質からつくられたノゾーズも、原因ウイルスからつくられた経口ワクチンも入手できます。投与量の詳細については、ワクチン接種法に関する第17章を参照してください。

5. 小脳性運動失調症

　この病態と関係のあるウイルスは汎白血球減少症の原因ウイルスと非常に似ており、全く同じものだと考える専門家もいます。このウイルスは子猫を襲い、運動失調の病像を引き起こし、歩行不安定や平衡障害などさまざまなかたちの中枢神経障害が起こります。ときどき歩調が大げさになり、食べることや水やミルクを飲むことができなくなることもあります。

【治　療】

　脳組織が破壊される以前の純粋な機能的障害の段階には、いくつかのレメディーが役立つ可能性があります。

□**Stramonium**（ストラモニューム）

　歩行障害があり左側に倒れる傾向がある場合にこのレメディーが示唆されます。斜視が認められる場合にも役立つかもしれません。目を大きく見開き、一点を凝視します。推奨ポーテンシーは12Cで、1日3回、7日間投与します。

□**Cicuta**（シキュータ）

　このレメディーが適応する場合は、患畜が後ろに倒れる傾向を示す可能性があり、ときには頸部をS字形に曲げることもあります。痙攣傾向がみられる場合にも役立つ可能性があります。推奨ポーテンシーは30Cで、1日2回、7日間投与します。

□**Hyoscyamus**（ハイオサイマス）

　頻繁に頭を揺すり、筋肉痙攣の傾向があり、腹部の不快感を伴います。患畜は場所をあちこち変えるかもしれません。推奨ポーテンシーは

200Cで、1日1回、7日間投与します。

□**Cuprum-aceticum**（キュープロムアセティカム）

　このレメディーが適応する場合は、舌が侵されている可能性があります。痙攣性不随意運動があり、患畜は舌を頻繁に出したり引っ込めたりするかもしれません。このような神経症状とともに、緊張感や茶色いネバネバした便がみられるかもしれません。推奨ポーテンシーは6Cで、1日3回、7日間投与します。

□**Helleborus-niger**（ヘレボラスニガー）

　このレメディーは頭痛の症状と関係があります。猫は楽になろうとして頭を何にでもぶつけるかもしれません。推奨ポーテンシーは6Cで、1日3回、5日間投与します。

□**Zincum**（ジンカム）

　頭を揺すり、足で水をかくような動きをするのが一般的な症状です。患畜はすぐに驚いて、症状の悪化を招きます。推奨ポーテンシーは30Cで、1日1回、7日間投与します。

□**Bryonia**（ブライオニア）

　静かに横たわっていると状態がよさそうで、動くと苦痛の症状が現れる場合は、このレメディーを検討しましょう。たとえば、立たされたり、動かされたりすると目まいが起きます。口渇がみられますが、水を飲もうとしてもうまくいかないかもしれません。推奨ポーテンシーは6Cで、1日3回、5日間投与します。

□**Sulfonal**（サルフォナール）

　めまいの徴候が現れます。目は充血し、尿意が頻繁にあるものの尿量は少なく、麻痺傾向があります。推奨ポーテンシーは6Cで、1日3回、10日間投与します。

【予　防】

　感染物質からつくられたノゾーズも原因ウイルスからつくられた経口ワクチンも入手できます。投与量についての詳細は、ワクチン接種法に関する第17章を参照してください。

6. 潰瘍性舌炎

これは主に子猫がかかるウイルス性疾患ですが、非常に幼い子猫はほとんどかかりません。通常この病気は散発的に発生し、広まる傾向はありません。

【臨床症状】
まず体温が2～3°F（約1～1.5℃）ほど上昇し、食欲がなくなります。数時間内に流涎が現れ、透明な粘着性の液体が長く紐のように垂れ下がります。流涎は初め泡状で、その後粘着性になることもときどきあります。口腔や舌の粘膜はうっ血し、やがて潰瘍化します。特に舌縁部によくみられ、舌の表面全体に広がっていきます。症状が重い場合は潰瘍が咽喉まで達します。潰瘍は大きさも分布も一定しない傾向があります。病巣は主に口に限定され、病気の活動期に摂食や摂水がしにくくなるほかには、猫はほとんど苦痛を示しません。

【治　療】
□**Mercurius**（マーキュリアス）
これは流涎がある場合に検討すべき主要レメディーの1つで、目安となる症状は粘着性の流涎です。通常、口が汚くみえます。推奨ポーテンシーは6Cで、1日3回、7日間投与します。
□**Merc-co.**（マークコー）
これは、上記のレメディーに比べて症状が重い場合に検討すべきレメディーです。この場合も流涎が顕著ですが、たとえば赤痢様の粘液便など、より全身性の病変を示唆する症状があります。推奨ポーテンシーは30Cで、1日2回、5日間投与します。
□**Borax**（ボーラックス）
舌や歯肉の上皮の潰瘍など、潰瘍が最も顕著な特徴をなす場合に有用なレメディー。流涎もみられます。足をなめるなど、足に圧痛があることを示す徴候がみられるかもしれません。このレメディーのプルービン

グでは下降運動に対する恐怖が顕著な特徴をなすので、それが選択の決め手になる可能性があります。推奨ポーテンシーは6Cで、1日3回、10日間投与します。

□**Merc-iod-ruber**（マークアイオドルバー）

このヨウ化第二水銀には歯肉に対する作用があり、右側よりも左側の炎症のほうが激しい場合に示唆されます。推奨ポーテンシーは30Cで、1日2回、6日間投与します。

□**Merc-iod-flavus**（マークアイオドフラバス）

これも歯肉炎に役立ちますが、右側の炎症により適合する傾向があります。これら2つのヨウ化物は、両方とも多くのよい結果を残してきました。推奨ポーテンシーは30Cで、1日2回、6日間投与します。

□**Merc-cyan.**（マークシアン）

このシアン化第二水銀は、咽喉および周辺の腺に激しい炎症が認められる場合に検討する必要があります。潰瘍は灰色がかった膜で覆われています。このレメディーの特徴は疲憊です。推奨ポーテンシーは30Cで、1日1回、7日間投与します。

【予　防】

唾液や関連の腺などの臨床材料からノゾーズをつくることが可能です。30Cまでポーテンタイゼーションされ、ほかのノゾーズないし経口ワクチンと同じように投与されます。

7．猫伝染性貧血

これはリケッチアに属する血液原虫によって引き起こされる原虫性疾患で、ノミなどの媒介昆虫によって伝播されます。また、経胎盤感染も起こると考えられています。原虫が宿主に定着すると赤血球を破壊し、その結果、貧血が起こります。

【症　状】

　猫が食欲をなくし全体的に弱っているからといった多少あいまいな症状で来診することがときどきあります。この病気は3週間から1カ月の経過をたどるかもしれません。感染が確立すると一般的な貧血症状が明瞭になり、粘膜蒼白や無気力、そしておそらく黄疸もみられます。重症の場合は脾臓も侵され、腫脹して触知できるようになります。

　診断には、別の原因による貧血状態との鑑別のために血液検査が必要になるかもしれませんが、常に原虫が認められるとはかぎりません。

【治　療】

　一般的に原虫性疾患をホメオパシーで治療するのは難しいので、レメディーは支持療法の観点から選択すべきです。次のようなレメディーが考えられます。

□**Arsenicum**（アーセニカム）

　赤血球の損傷に役立つ可能性があります。血液検査で白血球数が増えている場合は、このレメディーが強く示唆されます。推奨ポーテンシーは1Mで、1日3回、14日間投与します。

□**Crotalus-horridus**（クロタラスホリダス）

　このヘビ毒をポーテンタイゼーションしたレメディーは、黄疸が認められるときに効果を発揮する可能性があります。皮膚は黄褐色の斑点状を呈するかもしれません。これは溶血（血液細胞の破壊）による貧血に対する強力なレメディーで、出血に強い親和性があります。推奨ポーテンシーは200Cで、1週間に3回、4週間投与します。

□**Lachesis**（ラカシス）

　このレメディーの作用はCrotalus-horridusにやや似ていますが、肝臓障害がそれほど顕著ではなく、皮膚は黄褐色というより紫色を帯びます。この場合も、血液細胞の破壊が病因論的な特徴です。推奨ポーテンシーは30Cで、1日2回、10日間投与します。

□**China**（チャイナ）

　このレメディーは、ほかの疾患の場合と同じく、重要な体液の喪失に

よって衰弱と無気力をきたしたときに、別の適切なレメディーの補助剤として示唆されます。推奨ポーテンシーは6Cで、1日4回、2日間投与します。これを繰り返しても安全です。

8. 猫白血病ウイルス（FeLV）感染症

　この病気は猫のコロニーの間に広がっていますが、ウイルスに感染していても必ずしも臨床症状を示すとはかぎりません。単独で孤立している猫の場合は、感染の危険性が大幅に減ります。このウイルスは、体内の結合組織に広く行き渡っている細網内皮系を攻撃します。したがって、リンパ肉腫などの症状や病巣をさまざまな部位に引き起こす傾向があります。

　このウイルスはリンパ系組織に親和性があり、そのほかの組織が侵される危険性は比較的限られます。しかし、主にリンパ系が侵されるとはいえ、ウイルスは唾液、乳汁、尿など、別の経路から排出されます。

　猫のコロニーないしグループが複数あると想定した場合、ウイルスも抗体も保有していないグループがあるとすれば、それは感染抵抗性のグループということになるでしょう。遺伝形質の関係で、抗体はあるけれどもウイルスを保有していない非感染グループもあるかもしれません。このグループの猫は感染に抵抗性であることがわかっています。また、ウイルスも抗体も保有する猫で構成される非発病グループもあるかもしれません。感染に負けてしまう危険が大きいのは、ウイルスを保有しながら抗体をもたない猫です。

【臨床症状】
　細網内皮系が広く全般的に侵されるので、さまざまな臨床症状が現れる可能性があります。このウイルスには免疫抑制作用があり、そうでなければ現れることのないさまざまなかたちの疾患を引き起こします。白血病およびリンパ肉腫が警戒すべき主な徴候です。雌猫は流産ないし胎児の吸収を経験する可能性がありますが、膣分泌物は伴う場合も伴わな

い場合もあります。この病気に免疫抑制の側面があるということは、身体の防御力が不十分なことから、比較的ささいな疾患でも深刻化する可能性があることを意味します。

　動物病院で診察を受ける猫の腎炎の症例が英国で全国的に増えていますが、その原因がこのFeLV感染症にあると考える専門家もいます。貧血が顕著な症状をなし、白血病を伴わずに現れる可能性があります。白血病は骨髄の疾患に起因し、有害な細胞を血液の全身循環に放出します。細網内皮系全般にわたってさまざまな組織が侵され、リンパ肉腫が発生します。リンパ肉腫は白血病を伴う場合も伴わない場合もあります。腸間膜リンパ節に発生すると触知可能な腫瘤となり、胸腺のリンパ組織が侵された場合は呼吸困難を招く可能性があります。肝臓の腫瘍も一般的で、この場合も触知できるほど大きくなる可能性があります。

【診　断】
　これはウイルスを同定する特殊な検査に基づきますが、この病気を経験したことがある人にとっては臨床症状が重要です。簡単な血液検査は常に信頼できるとはかぎりません。

【治　療】
　このウイルスには免疫抑制作用があるので、ホメオパシーのレメディーが防御システムを通じて作用することを考えると、ホメオパシーによる治療でさえも見通しが立たない傾向があります。リンパ肉腫からつくられたFeLVに対するノゾーズがあり、効果を発揮した症例もありますが、抵抗性であることがわかった症例もあります。侵された組織に応じて、（ノゾーズと組み合わせた）支持療法が役立つ可能性があります。
　肝臓のリンパ肉腫にかかった1匹のアビシニアンがノゾーズとPhosphorus（フォスフォラス）の併用に反応し、肉腫は4カ月にわたって次第に退縮しました。一般的に、複数のリンパ節が侵された場合は治療抵抗性です。しかし、Calc-fluor.（カルクフロアー）やSilica（シリカ）などの適切なレメディーやノゾーズを用いて病気を軽減するためにあら

ゆる努力をすべきです。

【予　防】

今のところ、この病気に対する通常のワクチンはありません〔訳注：現在は製造販売されています〕。ホメオパシーのノゾーズは、リンパ肉腫とウイルス血症の血液という2つの別々の材料からつくられてきました。

ポーテンシーが30Cのノゾーズを朝晩2回3日間投与し、続いて1週間に1回4週間、さらに続けて1カ月に1回の頻度で6回投与すると、危険に瀕した猫の臨床症状の発達を抑えるのに役立つ可能性があります（著者の経験）。

9. 猫伝染性腹膜炎（FIP）

これは常に致命的な腹膜炎を引き起こす病気で、最近広がっています。主に子猫、特にいわゆる外来種の子猫がかかりやすいものの、どの種類にも感受性があります。

【臨床症状】

14日からそれ以上に及ぶ潜伏期間のあと、来診時には体温が106°F（約41℃）程度まで上がっているかもしれません。主な症状は線維素性腹膜炎による液体が原因の腹部膨隆です。肝臓障害を示す黄疸も現れる可能性があります。一般的な腹部の不快感が顕著です。胸膜が侵され、胸膜腔に胸水がたまることもあります。それによって呼吸困難をきたします。

【治　療】

治療が効を奏することはまれです。それは、患畜が受診するときにはすでに末期状態になっているからです。軽症の場合は、支持療法によって患畜の苦痛を軽減できる可能性があります。

その関係で使われてきたレメディーとしてはCantharis（カンサリス）、

Carduus-marianus（カーデュアスマリアーナス）、Tuberculinum-bovinum（チュバキュライナムボーバイナム）などがあります。Cantharis は胸膜疾患の場合に常に検討すべき有用なレメディーです。Carduus-marianus は腹水をきたす肝臓に作用します。Tuberculinum-bovinum を挙げた理由は、撲滅されるまで一般的だった牛の腹部結核に臨床的に似ているからです。牛腹部結核は臨床的に FIP に似た腹膜炎を引き起こしたので、そのノゾーズを試すのは合理的な選択です。

【予　防】

FIP に対するノゾーズには感染腹水からつくられたものがあり、「猫白血病ウイルス（FeLV）感染症」の項で述べた方法で予防に使われています。

10. 結　核

この病気は、乳牛の結核の撲滅によって主な感染源がなくなり、今日では非常に少なくなりました。原因菌は Mycobacterium tuberculosis（ヒト型結核菌）と M.bovis（ウシ型結核菌）の２つですが、猫が感染しやすいのは後者です。猫の場合には、この病気特有の症状がなく、さまざまなかたちをとる可能性がありますが、顕著なのは骨と腺の疾患です。瘻が再発して治癒する傾向がほとんどみられない場合に疑われます。

【治　療】

一般的に治療は勧められませんが、どうしてもという場合は、Tuberculinum-bovinum（チュバキュライナムボーバイナム）のノゾーズを根本体質レメディーと併用すると役立つ可能性があります。適切な食餌と居住環境が重要です。このノゾーズは、200C のポーテンシーで１週間に１回、４週間投与しましょう。これを３カ月ほどの期間をおいて繰り返す必要があるかもしれません。

11. 肝腎症候群

　これは主に若い猫がかかる原因不明の病態です。飼い主は、猫が嘔吐と口渇を伴う腹部不快感の症状を示すことから助言を求めにきます。

【臨床症状】

　診察すると、体温は104.5°F（約40.3℃）くらいまで上昇している可能性があります。可視粘膜には黄疸症状がみられます。排便があると、特徴的なオレンジ色がかった黄色をしており、肝臓障害のあることを示唆します。腎臓が触知できるかもしれません。排尿があると、尿は濃い色をしています。

【治　療】

　この病態に対しては検討すべき有用なレメディーがたくさんありますが、主なものだけ挙げておきます。

□**Aconite**（アコナイト）

　このレメディーは症状が現れたらすぐに投与すべきです。推奨ポーテンシーは1Mで、1時間ごとに3回投与します。

□**Phosphorus**（フォスフォラス）

　このレメディーは、食べ物や水が胃の中で温まると嘔吐する場合などに示唆されます。最も有用な肝臓レメディーの1つ。推奨ポーテンシーは30Cで、1日2回、5日間投与します。

□**Chelidonium**（チェリドニューム）

　症状のなかに黄疸が含まれている場合に示唆されます。右肩部の硬直を伴うかもしれません。推奨ポーテンシーは30Cで、1日2回、7日間投与します。

□**Chionanthus**（チオナンサス）

　黄疸がみられる場合には、このレメディーも示唆される可能性があります。便は粘土色で、脾臓もはれます。尿は黒ずみ、比重が高くなります。推奨ポーテンシーは3〜6Xで、1日3回、7日間投与します。

□**Carduus-marianus**（カーデュアスマリアーナス）
　これは肝硬変の危険があるときに有用なレメディーです。しばしば腹水状態を伴います。推奨ポーテンシーは30Cで、1日1回、14日間投与します。

□**Lycopodium**（ライコポーディウム）
　患畜が高齢で、特にやせていて便が硬い場合に有用なレメディー。このレメディーに関しては周期性があり、症状は午後遅く悪化します。推奨ポーテンシーは200Cで、1日1回、7日間投与します。

□**Berberis-v.**（バーバリスブイ）
　このレメディーは肝機能を促進するとともに腎臓にも有益な作用を及ぼすでしょう。腰部の脱力がみられるかもしれません。推奨ポーテンシーは30Cで、1日1回、14日間投与します。

□**Ptelea**（テリア）
　これは浄化レメディーの1つで、老廃物の体外への排泄を促進します。推奨ポーテンシーは6Cで、1日3回、14日間投与します。

12. クリプトコッカス症

　この病気は猫ではまれですが、鼻道や目の周囲など頭部のさまざまな部位に肉芽腫性の腫瘍を形成します。肺の合併症も報告されています。

【治　療】
　治療は勧められません。なぜなら、人間に感染し、非常に深刻な状態を引き起こす可能性があるからです。

13. 破傷風

ほかのいくつかの動物と違い、猫は原因菌の Clostridium-tetani（クロストリジウム・テタニ）にかなり抵抗性があります。記録されている症例の原因は創傷感染です。たとえば、手術、鼠などによる咬傷、釘など先の尖ったものによる深い刺し傷のあとなどに発生しています。

【臨床症状】
　診察すると患畜は音に敏感になっているほか、接触にも敏感で筋肉の大げさな動きを招きます。筋肉がこわばり、全身の硬直をきたします。ほかの動物の場合と違い、顎の筋肉が動かなくなること（開口障害）はほとんどありません。第三眼瞼が突出するかもしれません。

【治　療】
□**Aconite**（アコナイト）
　できるだけ早期に投与すべきです。1Mを1時間間隔で3回投与します。

□**Ledum**（リーダム）
　これは、刺し傷の場合に検討すべき主なレメディーです。推奨ポーテンシーは6Cで、1日3回、4日間投与します。

□**Hypericum**（ハイペリカム）
　このレメディーは創傷部の痛みを軽減するとともに、毒素の吸収を抑制するでしょう。Ledum とうまく組み合わせることができます。1Mのポーテンシーで1日1回、7日間投与しましょう。

□**Curare**（キュラーレ）
　このレメディーは、強い麻痺傾向を伴う筋肉の硬直に必要になる可能性があります。顎の筋肉が侵され、開口障害をきたします。推奨ポーテンシーは6Cで、1日3回、10日間投与します。

□**Strychnine**（ストリキニーネ）
　このレメディーは、重症の場合にときどきみられる強直性痙攣の抑制に役立つはずです。また、四肢の伸展と硬直がみられる場合にも示唆さ

れます。推奨ポーテンシーは200Cで、1日1回、7日間投与します。
□**Nosode**（ノゾーズ）
　ノゾーズを30Cのポーテンシーで使うと、ほかのレメディーを補完するでしょう。

14. トキソプラズマ症

　これは猫が感染しても、症状がほとんど、ないし全く現れない原虫性疾患です。猫がこの寄生虫を保有し、その排泄物が人間やほかの動物の感染源になる危険性があります。

【臨床症状】
　この場合もリンパ系がひどく侵され、あちこちのリンパ組織が肉芽腫性の腫瘍で肥大しやすくなります。気管支リンパ節の病巣は肺炎に似た症状をきたすかもしれません。リンパ系は全身に及んでいるので、病巣が腎臓や肝臓など、ほかの部位にも発生する可能性があります。

【治　療】
　これは純粋に対症療法的に、感染に対する患畜の反応に基づいて行います。Calc-fluor.（カルクフロアー）とSilica（シリカ）が役立つ可能性があります。30～200Cのポーテンシーを定期的に、たとえば1カ月に2回、6カ月間投与します。ノゾーズもあり、適切なレメディーと併用することができます。ノゾーズを用いたワクチン接種は、ほかの病気の項で述べた方法に従って行いましょう。

15. 猫Tリンパ球指向性レンチウイルス（FTLV、FIV）感染症

　最近、この猫の症候群に関する研究が行われていますが、人間のエイズに非常に似ています。人間が感染猫から感染することはないと考えられています。このウイルスを保有している猫は、すべて臨床症状を現すとはかぎらず、不顕性感染状態が続くかもしれません。

　ウイルスの伝播はコロニー内での猫同士の接触によりますが、保菌猫と臨床症状を現す猫が両方います。

【臨床症状】
　この症候群は慢性の経過をたどり、徐々に体重と食欲が減少します。病理学的には歯肉炎、皮膚病、鼻・結膜炎などが現れます。リンパ系が侵されるとリンパ節の腫脹を招きます。このウイルスには免疫不全をきたす性質があることから、身体が重複感染を撃退できず、ほとんどあらゆる臨床症状が発現する可能性があります。

【治　療】
　ホメオパシーのレメディーは免疫・防御システムを介して作用するので、治療はせいぜい賭けの域を出ないでしょう。ただ、どのレメディーを使うにしても、全体的な症状像に合致しなくてはなりません。適用可能なレメディーを探すにはマテリア・メディカを参照する必要があります。感染血液などの感染材料からつくられるノゾーズは、適切なレメディーの働きを大いに助けるはずです。

16. 白　癬

　これは皮膚とその付属器、つまり毛やひげの真菌感染症です。侵されるのは上皮で、皮下組織はほとんど被害を受けません。しかし、皮下組織にも炎症が起こり、蜂巣炎と呼ばれる状態を招く可能性もあります。

【原　因】

　Microsporum（マイクロスポラム：小胞子菌）および Trichophyton（トリコフィートン：白癬菌）と呼ばれる真菌が、急性型も慢性型も引き起こします。急性型は子猫に、慢性型は成猫に起こりやすい傾向があります。

【臨床症状】

　表面の上皮細胞の落屑が起こり、おそらく激しい滲出を伴います。毛が抜け、特に頭、尾、背中の部分に脱毛部が生じます。鼠径部は比較的まれにしか侵されません。

【治　療】

　治療は難しいかもしれませんが、次のようなレメディーを検討しましょう。

□**Sepia**（シーピア）

　このレメディーには、ふけの多い乾いた脱毛部のある皮膚に有益な作用があります。200Cのポーテンシーで、1週間に1回、4週間投与します。

□**Bacillinum**（バシライナム）

　このノゾーズは、ほかの動物では白癬の治療に有効なことがわかっていますが、猫に対する効果はそれほど確かではありません。しかし、200Cのポーテンシーを使い、1週間に1回、4週間投与してみる価値があるかもしれません。

□**Microsporum nosode**（マイクロスポーラム・ノゾーズ）および
　　Trichophyton nosode（トリコフィートン・ノゾーズ）

　これらのノゾーズを一緒に30Cのポーテンシーで、1週間に1回、

6週間投与すると、ほかのレメディーの作用を補完するでしょう。

患部は10倍に希釈したHypercal（ハイパーカル）ローションで毎日よく洗浄する必要があります。

17. 内部寄生虫の駆除

猫の場合は、Filix-mas（フィリックスマス）3X、Granatum（グラナータム）3X、Kamala（カマラ）3Xなどが検討できるでしょう。これらはどれも条虫の治療に有効なレメディーです。1日2回、30日間投与しましょう。

線虫感染にはChenopodium（チェノポデューム）3XとGranatum 3Xが役立ちます。条虫の場合と同じ頻度で投与します。

第19章　マテリア・メディカ

（正式名称、本文での採用名称、英語一般名、分類名、和名＊）

＊名称に関しては原書を若干補完したほか、読者の便宜を考え和名を追加しました。また、日本で一般的に使われている表記法を採用したため、原書の表記と異なる場合があります。

（例）　正式名称：Aconitum napellus

　　　本文での採用名称：Aconite、英語一般名：Monkshood

　　　分類名：Ranunclaceae、和名：トリカブト

■Abies canadensis（アビエス・カナデンシス）, Abies-can.（アビエスカン）, Hemlock Spruce（ヘムロックスプルース）, Coniferae（マツ目）, カナダツガ

この原液（φ）は新鮮な樹皮と新芽からつくられます。

この植物は粘膜全般、とりわけ胃粘膜に親和性があり、カタル性胃炎を引き起こします。肝機能障害が起こり、鼓腸と胆汁の不足をきたします。食欲は増進し、激しい飢餓がみられるかもしれません。これは主に消化レメディーとして使われます。

■Abrotanum（アブロターナム）, Southernwood（サザーンウッド）, Compositae（キク科）, ニガヨモギ

新鮮な葉のチンキ。

この植物は下肢筋肉の消耗をきたし、そのような症状を示す動物の治療に使われます。動物の子どもの場合に目安となる主な症状は、臍からの液体の漏出です。これは、動物の子どもの内部寄生虫対策に使われるレメディーの1つです。また全体的な症状が一致すれば、ある種の急性

関節炎に効果があるという評判を得ています。

■ Absinthium（アブシンサム）, Wormwood（ワームウッド）, Compositae（キク科）, ニガヨモギ

有効成分の浸剤。

この物質が身体に作用すると、筋肉の振戦およびそれに続く精神錯乱と全身痙攣という症状像をもたらします。中枢神経系に対する作用が際立ち、患畜は後ろに倒れます。瞳孔は左右非対称的に散大しているかもしれません。これはてんかん様発作など、さまざまな種類の発作を抑えるのに使われる主要レメディーの１つです。

■Aconitum napellus（アコナイタム・ナペラス）, Aconite（アコナイト）, Monkshood（モンクスフード）, Ranunclaceae（キンポウゲ科）, トリカブト

有効成分のアコナイトは、この植物のどの部分にも含まれるので、原液（φ）は植物全体を用いてつくられます。

この植物は漿膜と筋肉組織に親和性があり、その機能障害を招きます。突然発症し、全身的な緊張がみられます。これは、症状が突然現れるあらゆる発熱性疾患の初期段階に使うべきレメディーで、その場合、症状は極端な気温にさらされると悪化する可能性があります。ショック、手術、冷たい乾いた風や乾いた熱にさらされた場合などに Aconite の症状像を引き起こし、Aconite が必要になる可能性があります。腹膜症状を伴って突然発症する産褥期疾患にも役立つ可能性があります。

■Adonis vernalis（アドニス・バナリス）, Adonis（アドニス）, Pheasant's eye（フェザント・アイ）, Ranunculaceae（キンポウゲ科）, セイヨウフクジュソウ

新鮮な植物の浸剤。

動物診療に関するこのレメディーの主要作用は心臓に対するもので、心臓を弱め浮腫と排尿量の減少をきたします。これは、心臓弁膜症や肺

うっ血による呼吸困難の治療に使われる主なレメディーの1つです。

■Aesculus hippocastanum（イーセキュラス・ヒパカスターナム）, Aesculus（イーセキュラス）, Horse chestnut（ホースチェストナット）, Hippocastanaceae（トチノキ科）, セイヨウトチノキ

原液（φ）は、皮つきの実からつくられます。

この植物は主に下部腸管に親和性があり、静脈性うっ血の状態を引き起こします。消化器系と循環器系の機能が全般的に弱まり、肝臓と門脈の機能が鈍ります。硬い便を伴う傾向があります。これは、血液循環全般に影響を及ぼす静脈性うっ血を伴う肝臓障害に有用なレメディーです。胸部のうっ血の治療にも役立ちます。

■Agaricus muscarius（アガリカス・ムスカーリアス）, Agaricus（アガリカス）, Fly agaric（フライアガリック）, Fungi（菌類）, ベニテングダケ

原液（φ）は新鮮な菌からつくられます。

この菌から発見された有毒物質のなかで最もよく知られているのは、ムスカリンです。中毒症状が発現するまで通常時間がかかり、摂取後12時間を要することもあります。その主な作用範囲は中枢神経系で、めまいとせん妄状態を引き起こし、続いて眠気をきたします。脳の興奮状態には4段階あることが知られています。つまり、軽度の興奮、痙攣（トゥイッチ）を伴う精神的興奮をきたす中毒症状、せん妄、昏眠傾向を伴う抑うつです。

このような作用があることから、特定の中枢神経系障害の治療に利用されます。たとえば、大脳皮質の壊死や髄膜炎で、これは重い低マグネシウム血症を伴う場合があります。ガスを伴う鼓腸がこのレメディーによく反応する可能性があります。また、リウマチのレメディーとしても、ある種の有痛性筋痙攣（クランプ）の治療にも役立ちます。

■Agnus castus（アグナス・カスタス）, Chaste tree（チェイストトゥリー）, Verbenaceae（クマツヅラ科）, セイヨウニンジンボク
熟したベリーのチンキ。

この植物の主な作用領域の１つは生殖器系で、機能低下と衰弱をきたします。雄では精巣の硬結と腫脹がみられることがあり、雌では不妊の報告があります。

■Aletris farinosa（アレトリス・ファイノーザ）, Aletris（アレトリス）, Star grass（スターグラス）, Haemodoraceae（ハエモドルム科）
原液（φ）は、根からつくられます。

この植物は雌の生殖管、特に子宮に対する親和性があり、主に抗流産レメディーとして使われています。また、子宮帯下の治療、食欲不振を示す雌の鈍性発情の治療にも使われます。

■Allium cepa（アリューム・シーパ）, Red onion（レッドオニオン）, Liliaceae（ユリ科）, 赤タマネギ
原液（φ）は、植物全体からつくられます。

この植物は、刺激性の鼻汁を伴う鼻感冒と喉頭部の不快症状という症状像と関係があります。このレメディーは、典型的な鼻感冒を引き起こすほとんどの初期のカタル症状に使える可能性があります。

■Alumen（アルメン）, Potash alum（ポタシュ・アルム）, カリミョウバン
純粋な結晶の磨砕剤。

このレメディーが示唆されるのは、腕の障害とさまざまな組織の粘膜が乾燥する場合です。また、中枢神経系の障害も一般的で、程度のさまざまな麻痺をきたします。

■Ammonium carbonicum（アンモニューム・カーボニカム）, Ammonium-carb.（アンモニュームカーブ）, Ammonium carbonate（アンモニューム・カーボネイト）,炭酸アンモニウム

この塩を蒸留水に溶解して、ポーテンタイゼーションを行います。これは主に呼吸器障害、なかでも関連リンパ節の腫脹を伴う場合に使われます。肺気腫、肺水腫、フォッグフィーバーなどの胸部疾患に、このレメディーが役立つ可能性があります。また消化障害にも有用です。

■Ammonium causticum（アンモニューム・コースティカム）, Ammonium-caust.（アンモニュームコースト）,Hydrate of ammonia（ハイドレイト・オブ・アンモニア）,水酸化アンモニウム

これも同じく蒸留水に溶解してポーテンタイゼーションを行います。

この塩も炭酸塩と同じく粘膜に作用しますが、それはより顕著で、粘膜表面に潰瘍を引き起こします。これは強力な心臓刺激剤でもあります。粘膜疾患および肺がひどく侵される呼吸器障害にも役立つかもしれません。通常、粘液が過剰にみられ湿った咳を伴うときに、このレメディーが示唆されます。

■Angustura vera（アンガステューラ・ベラ）,Galipea cusparia bark（ガリピー・カスパリア・バーク）,Rutaceae（ミカン科）

樹皮を磨砕したもの。

この植物に関しては、骨と筋肉が重要な検討対象となります。硬直と程度のさまざまな四肢の痛みが顕著で、外骨腫を伴います。軽度の脚麻痺が確認されています。骨に対する作用によりカリエスを招き、骨折をきたす可能性があります。

■Anthracinum（アンスラサイナム）,炭疽菌毒素

原液（φ）は、感染組織ないし培養菌をアルコールに溶解してつくります。

このノゾーズは、おでき状のはれものを特徴とする発疹性の皮膚病の治療に使われます。細胞組織が硬化し、関連リンパ節が腫脹します。特徴的病巣は中心部が壊死し、黒く縁取りされた硬い腫脹です。このノゾ

ーズは、咬傷感染の治療に役立つことがわかっています。

■Antimonium arsenicosum（アンチモニューム・アーセニコサム）, Antimonium-ars.（アンチモニュームアース）, Arsenate of antimony（アーセネイト・オブ・アンティモニー）, 亜ヒ酸アンチモン
　ポーテンタイゼーションは、乾いた塩を磨砕したものを蒸留水ないしアルコールに溶解して行われます。
　この塩は、肺、特にその左上部に対する選択的作用があり、主に肺気腫および慢性肺炎の治療に使われます。咳がある場合には摂食すると悪化し、患畜は臥位よりも立位を好みます。

■Antimonium crudum（アンチモニューム・クルーダム）, Antim-crud.（アンチモクルード）, Sulphide of antimony（サルファイド・オブ・アンティモニー）, 硫化アンチモン
　ポーテンタイゼーションは、乾いた塩を磨砕したもので行われます。
　この物質には胃と皮膚に対する強い作用があり、その結果生じる症状は暑さで悪化します。このレメディーは、あらゆる水疱性皮膚疾患に効果を発揮するはずです。

■Antimonium tartaricum（アンチモニューム・タータリカム）, Antim-tart.（アンチモタート）, Tartar emetic（タータ・エメティック）, 吐酒石
　乾いた塩を磨砕したものがポーテンタイゼーションのもとになります。
　このレメディーの場合は呼吸器症状が顕著で、粘液の過剰産生を伴いますが、喀出するのは困難です。このレメディーは主に呼吸器系に作用するので、気管支肺炎や肺水腫などに役立つはずです。このレメディーが必要となる病気の場合はしばしば眠気を伴うとともに、口渇がありません。肺炎状態では、目の端が粘液で覆われていることがあります。

第 19 章　マテリア・メディカ　151

■Apis mellifica（エイピス・メリフィカ）, Apis（エイピス）, Bee venom（ビー・ベナム）, ミツバチの毒
　原液（φ）は、ミツバチ全体からも、アルコールで希釈した毒素からもつくられます。
　ミツバチの毒は細胞組織に作用し、浮腫と腫脹をきたします。身体のどこかに浮腫ができると、さまざまな急性および慢性の病態を招きます。その作用領域がすべての組織と粘膜に及ぶことは十分に立証されているので、浮腫性腫脹を呈する場合には、このレメディーを検討すべきです。関節滑膜の肥厚もこのレメディーに反応する可能性があります。肺水腫を呈する呼吸器疾患の治療にも、このレメディーは成果を上げてきました。また嚢胞性卵巣の治療にも使われ、効果を発揮してきました。症状はすべて暑さにより悪化し、口渇はありません。

■Apocynum cannabinum（アポシナム・カナビナム）, Apocynum（アポシナム）, Indian hemp（インディアン・ヘンプ）, Apocynaceae（キョウチクトウ科）
　新鮮な植物の浸剤。
　この物質は胃の機能障害を引き起こすとともに、心筋を侵しその働きを鈍らせます。また泌尿生殖器系に対しても顕著な作用があり、利尿および子宮出血をきたします。このレメディーを必要とする患畜は、傾眠症状ないし昏迷状態を呈します。一般的に、黄色がかった鼻汁など上部呼吸器症状がみられます。

■Apomorphinum（アポモーフィナム）, Apomorphine（アポモーフィン, モルヒネのアルカロイド
　これはモルヒネのアルカロイドの1つで、脳の嘔吐中枢に深い作用を及ぼし、唾液と粘液の分泌を亢進させ、嘔吐を数回引き起こします。瞳孔は散大します。動物診療においては、中毒の疑いがある場合や異物を摂取した場合に、胃内容物を完全に除去するのに使われます。ホメオパシー的には、長期に及ぶ激しい嘔吐の抑制に使われます。

■Argentum nitricum（アージェンタム・ニトリカム）, Arg-nit.（アージニット）, Silver nitrate（シルバー・ニトレイト）, 硝酸銀

　このレメディーは、原料の塩を磨砕し、アルコールないし蒸留水に溶解してつくります。

　これは協調運動障害を引き起こし、さまざまな部位に振戦をきたします。粘膜に対する刺激作用があり、粘液膿性の分泌物が流れ出します。赤血球を破壊し、貧血を招きます。これはその作用範囲からして、目の疾患に対する有用なレメディーです。

■Arnica montana（アーニカ・モンタナ）, Arnica（アーニカ）, Leopard's bane（レオパード・ベイン）, Compositae（キク科）, ウサギギク

　原液（φ）は、新鮮な植物の全体からつくられます。

　この植物の作用は、外傷ないし打撲によって起こる状態と実質的に同じです。これは'秋のハーブ'として知られており、主に皮膚が破綻していない外傷に使われます。血管に対する顕著な親和性があり、拡張、うっ滞、浸透性の亢進を招きます。したがって、さまざまな型の出血が起こりえます。ポーテンタイゼーションされたレメディーはショックを和らげるので、ルーティーン的に手術の前後に投与すべきです。それはまた、出血を抑えるのにも役立つでしょう。分娩後に与えると、損傷を受けた組織の回復を促進するでしょう。他方、妊娠中に定期的に与えると、正常な安産を促すでしょう。

■Arsenicum album（アーセニカム・アルバム）, Arsenicum（アーセニカム）, Arsenic trioxide（アーセニックトリオキサイド）, 三酸化ヒ素（亜ヒ酸）

　このレメディーは、磨砕と希釈によってつくられます。

　これは深く作用するレメディーで、身体のすべての組織に作用します。その特徴的かつ明確な症状像により、多くの疾患に使われています。分泌物は刺激性でヒリヒリし、症状は暑さで軽減します。乾燥、落屑、瘙

痒を伴う多くの皮膚疾患に有用です。

　大腸菌症とコクシジウム症にもこのレメディーを使う必要があるかもしれません。また、ある種の肺炎にも一定の役割を果たす可能性がありますが、その場合、患畜は水を少しずつほしがることがあり、症状は夜半に向けて悪化します。

■Arsenicum iodatum（アーセニカム・アイオダータム）, Arsenicum-iod.（アーセニカムアイオド）, Iodide of arsenic（イオダイド・オブ・アーセニック）, ヨウ化ヒ素
　ポーテンタイゼーションは、磨砕した塩を蒸留水で希釈して行われます。

　分泌物がいつまでも刺激性、侵食性である場合には、このレメディーのほうがArsenicum（アーセニカム）より効果的かもしれません。粘膜、特に呼吸器系の粘膜が赤くはれ、浮腫状を呈します。回復期の気管支炎や肺炎に、あるいは適応すると思われたレメディーに十分反応しなかった場合に、このレメディーがしばしば使われます。

■Atropinum（アトロピナム）, Belladonna（ベラドーナ）のアルカロイド
　このアルカロイドは、Belladonna自体の作用をいくつか引き起こしますが、特に顕著なのは目に対するもので、瞳孔散大を招き、粘膜は通常、極端に乾燥します。このレメディーは、全体的な症状がBelladonnaとぴったり一致しない場合に適応する可能性があります。

■Baptisia tinctoria（バプティジア・ティンクトリア）, Baptisia（バプティジア）, Wild indigo（ワイルド・インディゴ）, Leguminosae（マメ科）, 藍
　原液（φ）は、新鮮な根と樹皮からつくられます。
　この植物がもたらす症状は、主に疲憊や衰弱を招く敗血症状態と関係があります。症候学的には、軽度の発熱と著しい筋肉の無力状態がみら

れます。分泌物や排泄物にはすべて強い悪臭があります。多量の流涎がみられ、歯肉の変色と潰瘍化を伴います。扁桃と咽喉は暗赤色を呈し、便は赤痢様になりがちです。そのほかの症状が一致すれば、ある種の腸炎に役立つ可能性のあるレメディーとして覚えておきましょう。

■Baryta carbonica（バリュータ・カーボニカ）, Baryta-carb.（バリュータカーブ）, Barium carbonate（バリウム・カーボネイト）, 炭酸バリウム

ポーテンタイゼーションは、磨砕した塩を蒸留水で希釈して行われます。

この塩は、高齢および弱齢の患畜に通常多くみられる症状や病態を引き起こします。特にある種の呼吸器系の疾患に役立つレメディーとして覚えておきましょう。

■Baryta muriatica（バリュータ・ミュリアティカ）, Baryta-mur.（バリュータミュア）, Barium chloride（バリウム・クロライド）, 塩化バリウム

塩を蒸留水に溶解。

この塩は、四肢の攣縮を伴う周期的な全身痙攣を引き起こします。不快な耳漏が現れ、耳下腺が腫脹します。膵臓を含め、腹部の腺の硬結をきたします。このレメディーは、多くの外耳炎の症例に示唆されます。また、特徴的な神経障害とともに、腺の腫脹をきたす傾向がある動物にも示唆されます。

■Belladonna（ベラドーナ）, Deadly nightshade（デッドリー・ナイトシェイド）, Solanaceae（ナス科）, セイヨウハシリドコロ

原液（φ）は、開花期の植物全体からつくられます。

この植物は中枢神経系のあらゆる部分に深い作用を及ぼし、能動的うっ血を引き起こします。皮膚、腺、脈管系に対する作用も特異的で、一貫してみられます。処方上、指針となる主要症状の1つは、発熱状態に

必ずみられる大脈の反跳脈です。発熱は、興奮状態を伴う場合も伴わない場合もあります。もう1つの指針となる症状は、瞳孔散大です。

■Bellis perennis（ベリス・ペレニス）, Daisy（デイジー）, Compositae（キク科）, ヒナギク

　原液（φ）は、植物全体からつくられます。

　この小さな花は主に血管の筋肉に作用し、静脈うっ血の状態をもたらします。筋肉の動きが全身的に鈍くなり、痛みを示唆するたどたどしい歩き方になります。これは、生歯期に損傷した組織の回復を促す場合や、術後に役立つレメディーです。捻挫と打撲傷も一般的にこのレメディーの作用範囲に入ります。また、Arnica（アーニカ）の補助レメディーとしても覚えておきましょう。

　分娩後に投与すると、損傷組織の治癒を早め、骨盤部は非常に短期間で緊張を回復することができるでしょう。

■Benzoicum acidum（ベンゾイカム・アシダム）, Benzoic-acid.（ベンゾイックアシッド）, 安息香酸

　ポーテンタイゼーションは、安息香を磨砕し、それをアルコールに溶解して行います。

　このレメディーの最も顕著な特徴は泌尿器系に関係しており、尿の色とにおいを変えます。尿は暗赤色に変わり芳香を放ち、尿酸結晶の沈殿物を含みます。腎臓および膀胱の障害の治療に役立つ可能性があります。

■Berberis vulgaris（バーバリス・ヴルガーリス）, Berberis-v.（バーバリスブイ）, Barberry（バーベリー）, Berberidaceae（メギ科）, ヒロハヘビノボラズ

　原液（φ）は、根の皮からつくられます。

　この広くみられる潅木は、ほとんどの組織に親和性があります。それがもたらす症状は、激しく入れ替わる傾向があります。たとえば、口渇を伴う発熱状態があっという間に、疲憊して水を全く欲しない状態に変

わります。静脈系に強い作用を及ぼし、特に骨盤うっ血を引き起こします。

このレメディーの作用範囲に入る主な疾患は肝臓と腎臓に関係があり、胆管と腎盂のカタル性炎をきたします。そのような状態には、しばしば黄疸を伴います。血尿と膀胱炎が起こる可能性もあります。これらすべての場合に、仙骨部の脱力と腰部の圧痛が認められます。

■Beryllium（ベリリューム）, 金属元素, ベリリウム

磨砕してからアルコールに溶解してチンキをつくり、それをもとにポーテンタイゼーションを行います。

このレメディーは主に呼吸器疾患に使われますが、その場合の主要症状は、わずかな労作で起こる、ほかの臨床所見と釣り合いのとれない呼吸困難です。通常、咳嗽（がいそう）と肺気腫がみられます。これは急性と慢性双方のウイルス性肺炎に有用なレメディーであり、その場合、症状は患畜が休んでいる間はほとんどみられませんが、動くと明らかになります。これは深く作用するレメディーで、30Cより低いポーテンシーで使うべきではありません。

■Borax（ボーラックス）, Sodium borate（ソディアム・ボレイト）, ホウ酸ナトリウム

ポーテンタイゼーションは、この塩を磨砕し、蒸留水に溶解して行います。

この塩は、流涎と潰瘍という口の症状を伴う胃腸の炎症を引き起こします。ほとんどの場合、下方運動に対する恐怖が病訴の1つです。この物質には、口腔、舌、頬の各粘膜上皮に対する特異作用があり、それが水疱性口内炎やそのほかの関連疾患を抑制するレメディーとしての用途を定めています。

■Bothrops lanceolatus（ボスロプス・ランセオラータス）, Yellow viper（イエローバイパー）, クサリヘビ

ポーテンタイゼーションは、この蛇毒をグリセリンに溶解したもので

行われます。

　この毒は出血とそれに続く血液の急速な凝固に関係しています。通常、敗血症が起こるので、これは出血傾向を示す敗血症状態に有用なレメディーです。皮膚の壊疽状態もこのレメディーに反応する可能性があります。

■Bromium（ブロミューム）, Bromine（ブロマイン）, 元素, 臭素
　ポーテンタイゼーションは、蒸留水に溶解したもので行われます。
　臭素は海草を燃した灰のなかにヨウ素と一緒に見つかるほか、海水のなかにもあります。主に気道粘膜、特に上部気管粘膜に作用し、喉頭痙攣を引き起こします。これは、粘液性のラ音を伴うクループ様の咳に有効なレメディーです。息を吸い込むと症状が悪化する呼吸器疾患に示唆されます。また、過度に暑さにさらされたことに起因する病態にも有用かもしれません。

■Bryonia alba（ブライオニア・アルバ）, Bryonia（ブライオニア）, White bryony（ホワイトブリオニー）／Wild hops（ワイルドホップス）, Cucurbitaceae（ウリ科）, シロブリオニア
　原液（φ）は、開花前の根からつくられます。
　この重要な植物は、激しい下痢を引き起こすことのできるグルコシドをつくります。この植物自体は主に、上皮組織、漿膜、滑膜に作用します。また、一部の粘膜表面を侵して炎症反応を引き起こし、線維性ないし漿液性滲出液が出ますが、その次に今度は、患部組織の乾燥をきたします。後に滲出液は、滑液腔にも生じます。身体各部の動きが妨げられ、それがこのレメディーの使用を示唆する主要症状の1つになります。つまり、すべての症状が動くと悪化し、患畜は静かに横たわるのを好みます。患部を圧迫すると症状が軽減します。
　このレメディーは、上記の症状像がみられるときには、多くの呼吸器障害、特に胸膜炎の治療に非常に役立つ可能性があります。

■Bufo（ブーフォ）, Toad（トード）, Buforidae（ヒキガエル科）, ヒキガエル毒素の溶液

このレメディーは、てんかんを引き起こすほど激しいこともある脳の興奮状態に対して使われます。水腫状態も起こります。また、特に雄に過度の性的衝動がみられる場合にも使われてきました。

■Cactus grandiflorus（カクタス・グランディフローラス）, Cactus（カクタス）, Night-blooming cereus（ナイトブルーミングセレウス）, Cactaceae（サボテン科）, ヨルザキサボテン

原液（φ）は、若い茎と花からつくられます。

この植物の有効成分には輪走筋線維に対する作用があり、心臓血管系に顕著な親和性があります。このレメディーの適用は、主に心臓弁膜症の治療に限定されますが、出血傾向がみられる場合にも役立つ可能性があります。

■Calcarea carbonica（カルカリア・カーボニカ）, Calc-carb.（カルカーブ）, Carbonate of lime（カーボネイト・オブ・ライム）, 炭酸カルシウム

この塩を磨砕し、アルコールないし弱酸を加えて、ポーテンタイゼーション用の原液をつくります。原料は牡蠣殻の中間層です。

この石灰性物質は、緊張の欠如と筋肉の脱力を招き、筋肉痙攣は随意筋にも不随意筋にも起こります。カルシウムは身体から速やかに排泄されるので、カルシウム塩を摂取しても、ホメオパシー的に用意された成分が必要となるような状態に対して効果があるとはかぎりません。これは強力な根本体質レメディーで、栄養障害を招き、ポーテンタイゼーションされたカルシウムを必要とする動物は、異常なものを食べる傾向があります。このレメディーは、弱齢の動物の骨格障害および骨軟化症を患う高齢の動物に役立ちます。

■Calcarea fluorica（カルカリア・フルオリカ）, Calc-fluor.（カルクフロアー）, Fluorspar（フロールスパー）, Fluoride of lime（フルオライド・オブ・ライム）, フッ化カルシウム

　ポーテンタイゼーションは、この塩を磨砕し、蒸留水で希釈して行われます。

　この物質の結晶は骨のハバース管にみられ、骨の硬さを増しますが、過剰にあると逆にもろくします。歯のエナメル質と表皮にも現れます。これらの組織に対する親和性のために、外骨腫と腺の腫脹を招く可能性があります。さらに、これは強力な血管のレメディーでもあります。このレメディーの特別な作用範囲として、骨の病巣、特に外骨腫があります。

■Calcarea iodata（カルカリア・アイオダータ）, Calc-iod.（カルクアイオド）, Iodide of lime（アイオダイド・オブ・ライム）, ヨウ化カルシウム

　この塩を蒸留水に溶解したもの。

　このレメディーは組織、特に腺と扁桃の硬化に対して使われます。また、甲状腺も侵されます。さらに胸腺が侵されることもあります。

■Calcarea phosphorica（カルカリア・フォスフォリカ）, Calc-phos.（カルクフォス）, Phosphate of lime（フォスフェイト・オブ・ライム）, リン酸カルシウム

　リン酸溶液を石灰水に加えてできた塩を磨砕し、希釈してポーテンタイゼーションを行います。

　この塩は、細胞の成長と修復に関連する組織に親和性があります。栄養障害と発育遅延のために同化作用に支障をきたす可能性があります。骨がもろいことが一般的な特徴です。これは特に、子猫の筋骨格系の障害の治療に役立つレメディーです。

■**Calc-renalis-phos.**（カルク・リナリス・フォス）および **Calc-renalis-uric.**（カルク・リナリス・ユーリック）

これらの塩は、それぞれの物質による結石症に示唆されます。Berberis（バーバリス）, Hydrangea（ハイドレンジャ）, Thlaspi（サラスピ）などの作用を助けるので、併用することができます。

■**Calendula officinalis**（カレンデュラ・オフィシナリス）, **Calendula**（カレンデュラ）, **Marigold**（マリゴールド）, **Compositae**（キク科）, キンセンカ

原液（φ）は、葉と花からつくられます。

このレメディーを開放創や無痛性潰瘍に局所的に適用すると、最も信頼のおける治療剤の1つであることがわかるでしょう。すばやく組織を分解し、健全な肉芽形成を促します。温水で10倍に希釈して使います。目の打撲傷の治療に役立ちます。神経の損傷を伴う開放創の治療には、Hypericum（ハイペリカム）と組み合わせることができます。

■**Calici virus**（カリシウイルス）, カリシウイルス

このポーテンタイゼーションされたウイルスを歯肉炎や呼吸器障害に単独で、あるいは、合併症を伴うと思われる場合は、関係のある他のポーテンタイゼーションされたウイルスと一緒に使うことができます。

■**Camphora**（カンファー）, **Lauraceae**（クスノキ科）, 樟脳

ポーテンタイゼーションは精留したアルコールにゴム質を溶かしたもので行われます。

この物質は、衰弱と脈拍異常を伴う虚脱状態を引き起こします。全身にわたって氷のような冷たさがあります。この物質は、筋肉や筋膜と強い関係があります。このレメディーはある種の下痢に、つまり虚脱を伴い体表が極端に冷たい場合に役立つでしょう。また、疲労困憊と虚脱を示す腸炎に役立つ可能性があります。サルモネラ菌を原因とする病気に必要となるかもしれません。

■Cannabis sativa（カナビス・サティーバ）, American hemp（アメリカン・ヘンプ）, Cannabinaceae（アサ科）, 大麻

原液（φ）は、この植物の花の先端からつくられます。

この植物は特に泌尿器系、生殖器系、呼吸器系を侵しますが、極度の疲労を伴います。肺炎、心膜炎のほか尿閉を招く傾向があり、これが膀胱炎をきたして、尿に粘液や血液が混じる可能性があります。

■Cantharis（カンサリス）, Spanish fly（スパニッシュ・フライ）, スペインバエ

原液（φ）は、この昆虫を磨砕したものをアルコールに溶解してつくられます。

この昆虫に含まれる有毒物質は、特に泌尿器官および生殖器官を攻撃し、激しい炎症を引き起こします。皮膚も著しい影響を受け、ひどいかゆみを伴う激しい水疱疹が起こります。これは腎炎および膀胱炎に有益なレメディーです。

典型的な膀胱炎の場合、排尿を頻繁に試みる一方、尿には基本的に血液が混じっています。このレメディーは、産後の炎症やヒリヒリする水疱性湿疹に適応する場合があります。

■Carbo vegetabilis（カーボ・ベジタビリス）, Carbo-veg.（カーボベジ）, Vegitable charcoal（ベジタブル・チャーコール）, 植物炭

ポーテンタイゼーションは、炭を磨砕し、アルコールで希釈することによって行われます。

身体のさまざまな組織がこの物質に親和性があります。特に循環器系が侵されやすく、血液と組織における酸素化の不足と二酸化炭素の上昇を招きます。それは、感染に対する抵抗力の不足とすぐに凝固しない黒みがかった出血をきたします。体表が冷たくなります。

この物質は、ポーテンタイゼーションすると、あらゆる虚脱の症例に非常に役立つレメディーになります。肺うっ血にも有効で、循環器系が弱った場合には、温かさと力強さを回復します。動脈循環よりも静脈循

環により強く作用します。

■Carduus marianus（カーデュアス・マリアーナス）, St.Mary's thistle（セイントメアリーズ・シスル）, Compositae（キク科）, オオアザミ

種子を磨砕し、アルコールに溶解します。

このレメディーは、肝機能不全に起因する障害に示唆されます。動物診療では、肝臓に対する作用がこのレメディーの主な用途です。浮腫を伴う肝硬変状態はよく反応します。

■Caulophyllum（コーロファイラム）, Blue cohosh（ブルーコホッシュ）, Berberidaceae（メギ科）, ルイヨウボタン

原液（φ）は根を磨砕し、アルコールに溶解してつくります。

この植物は、雌の生殖器系に関係のある病的状態を引き起こします。子宮口が異常に硬くなり、難産を招きます。子宮の衰弱により早産をきたす可能性があります。これらは発熱と口渇を伴って起こるかもしれません。後産停滞が起こる傾向があり、その場合はおそらく子宮からの出血がみられます。ポーテンタイゼーションされたこのレメディーは、陣痛を復活させるので、子宮口が開いてから、ピチュイトリン（バソプレッシン）注射の代わりに使うことが考えられます。子宮開口不全のほか、子宮捻転や子宮位置異常にも役立つでしょう。その場合、3回から4回続けて、たとえば1時間間隔で投与する必要があります。流産したことのある動物に対しては、正常な妊娠の確立に役立つでしょう。また出産後は、後産停滞の場合に検討すべきレメディーの1つです。

■Causticum（コースティカム）, Potassium hydroxide（ポタシアム・ハイドラキサイド）, 水酸化カリウム

この物質は、消石灰と硫酸水素カリウムを1：1の割合で混ぜ、それを蒸留してつくります。

これは主に筋神経系に親和性があり、随意筋と不随意筋の両方に脱力

と不全麻痺を引き起こします。症状は、寒いところから暖かいところに行くと悪化します。高齢の動物の気管支炎状態にも、小さな無茎性のいぼができた場合にも、役立つ可能性があります。また、鉛中毒に対する解毒作用があるように思われるので、EDTA（エチレンジアミン四酢酸）の補助剤として使うことが考えられます。

■Ceanothus americanus（シアノーサス・アメリカナス），Ceanothus（シアノーサス），New jersey tea（ニュージャージー・ティー），Rhamnaceae（クロウメモドキ科），アメリカライラック

新鮮な葉のチンキ。

脾臓の障害一般が、このレメディーの守備範囲に入ります。脾臓に明白な圧痛があるかもしれません。雌では、白っぽい腟分泌物がみられることがあります。主に脾臓に関係があると思われる病態に使われます。

■Chelidonium（チェリドニューム），Greater Celandine（グレーター・セランディン），Papaveraceae，クサノオウ

原液（φ）は、開花期の新鮮な植物全体からつくられます。

この植物には、肝臓に対する特異作用があります。全体的に無気力で、気分の優れない様子がみられます。舌は通常くすんだ黄色に覆われ、そのほかの可視粘膜には黄疸症状がみられるかもしれません。肝臓は常に不調で、粘土色の便が出ます。このレメディーには肝臓に対する顕著な作用があるので、肝機能低下に関連した障害を扱う場合は検討しましょう。光感作においても、黄疸症状が現れた場合には役立つ可能性があります。

■Chimaphilla umbellata（キマフィラ・アンベラータ），Chimaphilla（キマフィラ），Ground holly（グラウンド・ホーリー），Ericaceae（ツツジ科），オオウメガサソウ

原液（φ）は、新鮮な植物からつくられます。

この植物の有効成分には、腎臓と雌雄両方の生殖器官に対する顕著な

作用があります。目には白内障が現れる可能性があります。尿には粘液と血液が混じります。前立腺の腫脹が起こる可能性があります。雌では、乳癌や乳房萎縮が報告されています。

■**Chininum sulphuricum**（キニナム・ソーフリカム）, **China-sulph.**（チャイナソーファー）, **Sulphate of qunin**（サルフェイト・オブ・キニーネ）, 硫酸キニーネ

ポーテンタイゼーションは、塩を磨砕し、アルコールに溶解して行われます。

この塩の作用は China（チャイナ）によく似ており、不可欠な体液の喪失によって衰弱をきたした場合に有益なレメディーとして覚えておきましょう。これは耳に作用して、痛みと過剰な耳漏をきたします。外見的に回復したあと、あるいは一時的には本当に回復したあと、このレメディーを必要とする状態が再発する傾向があります。咬傷や外傷による敗血症状態もこのレメディーによく反応し、組織の腐敗性変化が起こる危険性を減らします。

■**Chionanthus virginica**（チオナンサス・バージニカ）, **Chionanthus**（チオナンサス）, **Fringe tree**（フリンジ・トゥリー）, アメリカヒトツバタゴ

樹皮のチンキ。

このレメディーは、初期の肝硬変を含む肝臓の機能低下状態に示唆されます。全身的な状態の悪化を伴い、極端な場合にはやせます。便は粘土色で、黄疸や色の濃い尿がみられるかもしれません。

■**Chlamydia**（クラミジア）, クラミジア

このポーテンタイゼーションされたノゾーズは子猫のクラミジア感染症（本文参照）の予防および眼瞼癒着その他の特徴的症状を示す患畜の治療にも使われます。

■Cicuta virosa（セキュータ・ヴィローザ）, Cicuta（シキュータ），
Water hemlock（ウォーター・ヘムロック），
Umbelliferae（セリ科), 毒ゼリ
原液（φ）は、開花期の新鮮な根からつくられます。
　このレメディーは主に中枢神経系に作用し、痙攣様の障害が起こります。頭と首を片方の側にねじり、何らかの凶暴性を伴うのが特徴です。振動を与えたり、急に動かすと、症状が悪化します。全身のバランスが崩れ、頭と背骨を後ろに反らせてどちらかの側に倒れる傾向があります。このレメディーは、特徴的な首の側方偏位を示す大脳皮質壊死など、脳や脊髄のさまざまな病態に有益です。

■Cimicifuga racemosa（シミシフーガ・ラセモーサ）, Cimicifuga（シミシフーガ）, Black Snakeroot（ブラックスネークルート），
Ranunculaceae（キンポウゲ科), サラシナショウマ
樹脂の磨砕剤。
　この植物の樹脂は身体のさまざまな組織に広範な作用を及ぼしますが、主に雌の生殖器官および関節に作用します。雌の生殖器官のなかでも、特に子宮の障害と小関節の炎症を招きます。明らかな筋肉痛があります。頸部筋肉の硬直がみられることから、頸椎に障害のあることがわかります。

■Cinchona officinalis/China officinalis（チャイナ・オフィシナリス), China（チャイナ), Peruvian bark（ペルービアン・バーク），
Rubiaceae（アカネ科), キナの皮
原液（φ）は、乾燥させた樹皮をアルコールに溶解してつくります。
　この植物は一般的に'China'と呼ばれるキニーネの原料です。大量に投与すると、神経過敏、白血球産生障害、出血、発熱、下痢などの中毒性の変化を引き起こす傾向があります。体液の喪失によって衰弱をきたします。これは、激しい下痢や出血で動物が体液を喪失して、衰弱ないし消耗したときに検討すべきレメディーです。急性疾患の初期段階に

使われることはほとんどありません。

■Cineraria maritima（シネラリア・マリティマ）, Cineraria（シネラリア）, Dusty miller（ダスティー・ミラー）, Compositae（キク科）, シロタエギク

原液（φ）は、新鮮な植物全体からつくられます。

有効成分は主に、目の外用薬として使われます。原液（φ）を10倍に希釈して使う必要があります。

■Cinnabaris（シナバリス）, Red Mercuric Sulphide（レッド・マーキュリック・サルファイド）, 赤色硫化水銀

ポーテンタイゼーションは、塩を磨砕し、アルコールに溶解して行われます。

この物質の作用は主に、蛋白尿や亀頭炎などが起きがちな泌尿生殖器系の疾患に関係しています。いぼが鼠径部にできます。化膿性分泌物を伴う眼瞼炎や眼炎など、目の疾患も一般的です。ときどき耳も侵され、乾燥してかゆみを伴い、耳翼周囲にふけがみられます。このレメディーは、実際的には主に、ほかの水銀系レメディーが期待どおりの成果を上げなかった場合に使われます。

■Cobaltum（コバルタム）, Metal（金属）, コバルト & Cobaltum chloridum（コバルタム・クロライダム）, Salt（塩）, 塩化コバルト

これらのレメディーはともに、コバルト欠乏症に対して主に30Cのポーテンシーで使われますが、数週間にわたって良好な結果をもたらします。

■Cocculus（コキュラス）, Indian cockle（インディアン・コックル）, Menispermaceae（ツヅラフジ科）, アオツヅラフジ

原液（φ）は、ピクロトキシンと呼ばれるアルカロイドを含む種子の粉からつくられます。

有効成分は、脊髄ではなく大脳に起因する痙攣性および麻痺性障害を引き起こします。運動に反応すると思われる嘔吐中枢に作用して嘔吐を引き起こす強い傾向があります。このレメディーは、症状が合致した場合に、主として乗り物酔いに使われます。

■Coccus cacti（コカス・カクティ）, Cochineal（コチニール）, カイガラムシ
原液（φ）は、乾燥した雌の身体からつくられます。
この物質は粘膜に親和性があり、カタル性炎を引き起こします。粘着性の粘液が気道にたまり、喀出困難と痙咳をきたします。排尿困難がよくみられ、尿はわずかで、容器に入れておくと赤みがかった沈殿物が認められます。このレメディーは主に、呼吸器系および泌尿器系の障害に使われます。

■Colchicum autumnale（コルチカム・オウタムネーレ）, Colchicum（コルチカム）, Meadow saffron（メドウ・サフラン）, Liliaceae（ユリ科）, イヌサフラン
原液（φ）は、球根からつくられます。
この植物は筋組織、骨膜、関節の滑膜に作用します。また、身体の自然回復力を妨げる抗アレルギー作用および抗炎症作用もあります。このレメディーを必要とする可能性がある病気は通常、急性かつ重症で、しばしば小関節に滲出液が認められます。鼓腸症としぶりを伴う赤痢などにも役立つ可能性があります。指針となる症状の1つは、食べ物を嫌うことです。また、このレメディーを必要とする症状は通常動くと悪化します。

■Colocynth（コロシンス）, Bitter cucumber（ビター・キューカンバー）, Cucurbitaceae（ウリ科）, ニガウリ
原液（φ）は、コロシンチンと呼ばれるグルコシドを含む果実からつくられます。

この植物は下剤で、消化管に激しい炎症性病変を引き起こします。諸症状は突然現れ、突然緩和します。下痢は黄色みを帯び、勢いよく排出されます。症状は動くと緩和し、摂食ないし摂水後に悪化します。

■Condurango(コンデュランゴ)、Condor plant(コンドル・プラント)、ガガイモ

原液（φ）は、チンキとして樹皮からつくられます。

この植物は、コンズランジンと呼ばれるグルコシドを生産します。コンズランジンは神経系を侵し、歩行障害を引き起こします。このレメディーは、根本体質的に作用し、患畜の健康状態を全般的に改善します。また、上皮細胞に対するより特異的な作用があり、その硬化をきたしますが、それは腫瘍形成につながる可能性があります。目安となる症状は、口角のひび割れだといわれています。主として、特に腹部にみられる初期の癌状態に効果のあるレメディーとして知られています。

■Conium maculatum（コナイアム・マキュラタム）、Conium（コナイアム）、Hemlock（ヘムロック）、Umbelliferae（セリ科）、毒ニンジン

原液（φ）は、新鮮な植物からつくられます。

この植物のアルカロイドには、神経節、特に運動神経終末に対する麻痺作用があります。硬直と麻痺を引き起こしますが、それは前方ないし上方に進行する傾向があります。このレメディーは対麻痺や後肢の脱力の治療に重要です。

■Convallaria majalis（コンバラリア・マジャリス）、Lily of the valley（リリー・オブ・ザ・バレー）、Liliaceae（ユリ科）、ドイツスズラン

原液（φ）は、新鮮な植物からつくられます。

有効成分には心臓の働きの質を高める力があり、そのために、レメディーとしては主にうっ血性心不全に使われます。心筋に対する作用はほ

とんどなく、主に弁膜症に使われます。

■Copaiva（コパイバ），Balsam of peru（バルサム・オブ・ペルー），Leguminosae，（マメ科），バルサム

原液（φ）は、そのバルサム（精油と樹脂の混合物）からつくられます。

この物質には粘膜、特に尿道および気道の粘膜に対する顕著な作用があり、カタル性炎を引き起こします。この作用のために、レメディーとしては尿道炎と膀胱炎の治療に役立ちます。また、腎盂腎炎はこのレメディーが役立つ可能性のある比較的一般的な病気の1つです。

■Cortisone（コーチゾン），コルチゾン

ポーテンタイゼーションされたステロイドが、ステロイド剤の過剰処方の治療に実際に使われています。その場合、Nux-vomica（ナックスボミカ）やThuja（スーヤ）などの浄化レメディーとともに200Cを単回投与するだけで十分なことが、非常によくあります。たとえば12～30Cのような低ポーテンシーは、極度の瘙痒を伴い、乾燥と赤変の目立つ、ある種の皮膚病に役立ちます。

■Crataegus（クレティーガス），Hawthorn（ホーソーン），Rosaceae（バラ科），サンザシ

原液（φ）は、熟した果実からつくられます。

有効成分は血圧を下げ、呼吸困難をもたらします。これは心筋に作用し、収縮の回数と質を高めます。このレメディーは、心筋に対する特異作用があるので、特に不整脈状態の治療に有効です。

■Crotalus horridus（クロタラス・ホリダス），Rattlsnake（ラトルスネイク），ガラガラヘビ

原液（φ）は、毒液とラクトース（乳糖）を混ぜて磨砕し、グリセリンに溶解してつくられます。

この毒液は溶血を伴う敗血症、出血、黄疸を引き起こします。この毒素には脈管系に対する顕著な作用があることから、このレメディーは産褥熱や創傷感染など多くの軽い敗血症状態の治療に有用です。敗血症状態はあらゆる身体開口部からの血液の漏出を伴い、通常は黄疸がみられます。このレメディーは毒蛇咬傷などの病態に役立つはずです。

■Croton tiglium（クロトン・ティグリアム）, Croton-tig.（クロトンティグ）, Croton（クロトン）, Euphorbiaceae（トウダイグサ科）, クロトン

　原液（φ）は、種子からとれる油からつくられます。

　この油は激しい下痢と皮膚発疹を引き起こし、後者は小水疱を形成しがちな炎症をきたします。このレメディーは、下痢を抑える多くの有用なレメディーの1つです。通常、激しい便意切迫を伴い、便は水様性です。

■Cryptococcus（クリプトカッカス）, クリプトコッカス

　このポーテンタイゼーションされたノゾーズはクラミジアやカリシウイルスのノゾーズと同じように使われますが、それらが混合感染している場合は一緒に投与することもできます。

■Cubeba officinalis（クベバ・オフィシナリス）, Cubeba（クベバ）, Cubeb（キューベブ）, Piperaceae（コショウ科）, ヒッチョウカ

　原液（φ）は、乾燥した未熟な果実からつくられます。

　有効成分は粘膜に作用し、カタル性炎を引き起こします。特に泌尿生殖管の粘膜が侵され、尿は混濁し蛋白質を含みます。

■Cuprum aceticum（キュープロム・アセティカム）, Copper Acetate（コッパー・アセテイト）, 酢酸銅

　ポーテンタイゼーションは塩を蒸留水に溶解することによって行われます。

この塩は筋肉の有痛性痙攣（クランプ）、攣縮（トゥイッチ）、麻痺状態などを引き起こします。

■Cuprum metallicum（キュープロム・メタリカム），
　Cuprum（キュープロム），Copper（コッパー），銅
　原液（φ）は、銅を磨砕したものからつくられます。
　この金属が引き起こす症状の特徴は、特定の型にはまらない有痛性筋痙攣の発作を含む激しいものです。筋肉は収縮し、攣縮（トゥイッチ）がみられます。中枢神経系に作用して発作や全身痙攣が起こり、てんかんに似ることもあります。頭は一方の側に引かれます。

■Curare（キュラーレ），Woorara（ウーララ），クラーレ（矢毒）
　原液（φ）は、アルコールに溶解してつくります。
　この毒は感覚や意識の障害をきたすことなく、筋肉の麻痺を引き起こします。反射作用が消失し、運動麻痺の状態が生じます。アドレナリンの分泌量を減らし、神経衰弱の状態をきたします。

■Damiana（ダミアナ），Turneraceae（トゥルネラ科），ダミアナ
　この植物の有効成分は生殖器系に親和性があり、主に、雄の精力が弱い場合に性欲を促すのに使われます。作用ないし結果はまちまちですが、この面で念頭におくべきレメディーです。

■Digitalis purpurea（デジタリス・パープリア），Digitalis（デジタリス），
　Foxglove（フォックスグラブ），Scrophulariaceae（ゴマノハグサ科），
　キツネノテブクロ
　原液（φ）は、葉からつくられます。
　この植物の有効成分は心臓の働きを著しく弱め、拍動は弱く不規則になります。このレメディーは心臓疾患によく使われるもので、心拍を整え、脈拍を安定させるのに役立ちます。低ポーテンシーで使うと、心臓の拍出量を増すことで弁膜の機能を補助します。それによって排尿量が

増え、浮腫の軽減に役立ちます。

■Drosera rotundifolia（ドロセラ・ロータンディフォーリア）, Drosera（ドロセラ）, Sundew（サンジュー）, Droseraceae（モウセンゴケ科）, モウセンゴケ
原液（φ）は、新鮮な植物からつくられます。
　この植物はリンパ系、胸膜、滑膜などをすべて侵します。喉頭部にも炎症が起こりやすく、わずかな刺激にも過敏反応を示します。

■Dulcamara（ダルカマーラ）, Woody nightshade（ウッディー・ナイトシェイド）, Solanaceae（ナス科）, ヒヨドリジョウゴ
原液（φ）は、開花前の緑色の茎と葉からつくられます。
　この植物は Belladonna（ベラドーナ）、Hyoscyamus（ハイオサイマス）、Stramonium（ストラモニューム）と同じ科に属します。粘膜、腺、腎臓に対する組織親和性があり、炎症性病変や間質内出血を引き起こします。このレメディーは、湿気や寒さにさらされた結果生じた病態に対して、特に暖かい日中のあと夕方になって湿気が多くなった場合に、役立つ可能性があります。通常、そのような病態は秋に発生しますが、下痢が起きたときはこのレメディーが役立つ可能性があります。白癬の治療にも有効なことがわかっていますが、多肉質の大きないぼにも効果がある可能性があります。

■Echinacea angustifolia（エキネシア・アンガスティフォーリア）, Echinacea（エキネシア）, Rudbeckia（ルドベキア）, Compositae（キク科）, エキナシア
原液（φ）は、植物全体からつくられます。
　さまざまな組織を侵す急性毒血症がこの植物の作用範囲に入ります。このレメディーは、敗血症が顕著な産褥期疾患の治療に有用です。咬傷ないし刺創の感染に起因する全身性敗血症状態にも役立つでしょう。このレメディーは、低いXポーテンシーで最も有効に作用します。

■E-coli（イー・コライ）, 大腸菌

　この生物は腸管内にみられ、消化作用に重要な役割を果たしています。レメディーとしては、そのノゾーズが腸管障害に使われます。たとえば、子猫がストレス性の下痢を起こしたり、腸内細菌叢のバランスを崩した場合です。

■Eel serum（イール・シーラム）, ウナギの血清

　原液（φ）は、乾燥血清ないし蒸留水に溶解したものからつくられます。

　ウナギの血清は、血液に対して毒血症と同じ作用を引き起こします。特に腎臓に作用しますが、二次的に肝臓にも作用します。尿中にはヘモグロビンとともに腎性の沈殿物もみられます。切迫した貧血状態が生じます。心臓系も侵され、たびたび、失神発作が突然起こります。

■Epigea repens（エピゲー・レペンス）, Trailing arbutus（トレイリング・アービュタス）, Ericaceae（ツツジ科）, イワナシ

　原液（φ）は、新鮮な葉のチンキからつくられます。

　このレメディーは主に泌尿器系に作用し、腎結石を伴う有痛性排尿困難状態を引き起こします。したがって、雄雌双方の膀胱炎に、また尿道結石や膀胱結石の治療に役立つレメディーとして、覚えておきましょう。

■Euphrasia officinalis（ユーファラジア・オフィシナリス）, Euphrasia（ユーファラジア）, Eyebright（アイブライト）, Scrophulariaceae, コゴメグサ

　原液（φ）は、植物全体からつくられます。

　有効成分は主に結膜粘膜に作用し、流涙を引き起こします。また角膜も侵され、通常混濁します。これはさまざまな目の疾患、特に結膜炎と角膜潰瘍の治療に最も有用なレメディーの1つです。このレメディーは内服のほか、10倍に希釈してローションとして使うことで、それを補完することができます。

■**FVR Nosode**（FVRノゾーズ），猫伝染性鼻気管炎のノゾーズ

これは、猫伝染性鼻気管炎の症例から得られたウイルスをポーテンタイゼーションしたものです。予防にも治療にも使えます。予防の場合は、ほかのウイルスのノゾーズと一緒に投与することができます。

■**Ferrum iodatum**（ファーラム・アイオダータム），**Ferrum-iod.**（ファーランアイオド），**Iodine of iron**（アイオダイン・オブ・アイアン），ヨウ化鉄

ポーテンタイゼーションは結晶を磨砕し、アルコールに溶解することによって行われます。

この塩は主に、呼吸困難を伴う鉄欠乏症のレメディーとして関心をもたれています。血液の混じった粘液性分泌物がみられます。鉄（Ferrum-met.〈ファーランメット〉）および塩化鉄（Ferrum-mur.〈ファーランミュア〉）も鉄欠乏症の治療に使われますが、前者は特に弱齢の動物に、後者は弱い糸状脈など心臓症状がある場合に示唆されます。

■**Ferrum phosphoricum**（ファーラム・フォスフォリカム），**Ferrum-phos.**（ファーランフォス），**Ferric phosphate**（フェリック・フォスフェイト），リン酸第二鉄

ポーテンタイゼーションは、蒸留水に溶解して行われます。

この塩は発熱状態一般に関係します。このレメディーは、Aconite（アコナイト）を必要とするほど急性ではない初期の炎症状態に頻繁に使われます。しばしば、咽喉が侵されていることがこのレメディーを選択する決め手となります。肺うっ血も、出血を伴う場合は、このレメディーが必要になる可能性があります。

■**Ficus religiosa**（フィクス・レリギオサ），**Pakur, Moraceae**（クワ科），インドボダイジュ

原液（φ）は、新鮮な葉をアルコールに浸してつくります。

この植物の中毒作用は、さまざまな種類の出血と関係があります。鮮

紅色の出血を引き起こす状態は、すべてこのレメディーの必要性を示唆します。コクシジウム症に役立つ可能性がありますが、通常は消化器障害よりも呼吸器障害が、このレメディーの使用を決定します。

■Fluoricum acidum（フルオリカム・アシダム）, Fluoric-acid.（フルオリックアシッド）, Hydrofluoric acid（ハイドロフルオリック・アシド）, フッ化水素酸

ポーテンタイゼーションは、フッ化カルシウムを硫酸で希釈することによって行われます。

これは、ほとんどの組織に深い潰瘍や破壊性病変を引き起こす作用があります。口と咽喉の潰瘍状態に使われ、成果を上げてきました。また、骨の壊死状態には、どのような場合にも役立つ可能性が大いにあります。

■Folliculinum（フォリキュライナム）, 人工女性ホルモン

これは卵巣ホルモンの1つで、皮膚に対する有益な作用があります。このレメディーは、実際的には主に粟粒湿疹および雄雌双方の脱毛症に使われます。また、特徴的な紫色がかった発疹が顕著な非ホルモン性の湿疹の治療にも使うことができます。

■Formica（フォミカ）, Formic-acid.（フォーミックアシッド）, Ant（アント）, Hymenoptera（ハチ目）, 赤蟻

原液（φ）は、生きたアリからつくられます。

この酸は、小関節の沈着物とリウマチ様の痛みを引き起こします。たまに重症の場合には脊髄が侵され、一過性麻痺の状態をきたすことがあります。動物診療では、これは主に抗リウマチレメディーとして、特に手根部や足根部が侵された場合に使われます。

■Gaertner Bach（ガットナー・バッチ）, ゲルトネル菌（腸内細菌）

このノゾーズと関係があるのは、顕著な削痩ないし栄養不良です。慢性の胃腸炎が起こり、内部寄生虫に感染しやすくなります。脂肪が消化

できなくなります。主に、消化器障害のある栄養不良の子猫に使われます。

■Gelsemium sempervirens（ジェルセミューム・センパービレンス）、Gelsemium（ジェルセミューム）、Yellow jasmine（イエロー・ジャスミン）、Loganiaceae（マチン科）、イエロー・ジャスミン

　この植物は神経系に親和性があり、程度のさまざまな運動麻痺を引き起こします。このレメディーは低マグネシウム血症の支持療法として有用であり、正常な動きを回復するのに役立つことがわかっています。橈骨神経など、さまざまな神経の単独麻痺にも役立つ可能性があります。通常、このレメディーが必要となる場合には、衰弱と筋肉の振戦がみられます。

■Glonoinum（グロノイナム）、Glonoin（グロノイン）、Nitroglycerine（ニトログリセン）、ニトログリセン

　ポーテンタイゼーションは、アルコールで希釈することによって行われます。

　この物質は脳と循環系に親和性があり、突然、激しい全身痙攣を引き起こすほか、動脈系の充血を招き、表在血管には拍動が認められます。このレメディーは暑さや太陽の影響を過剰に受けたことによる脳障害に有用でしょう。また、全身痙攣とそれに関連した病態に役立つ可能性があります。

■Graphites（グラファイティス）、Black lead（ブラック・リード）、黒鉛

　ポーテンタイゼーションは磨砕し、アルコールに溶解することによって行われます。

　この形態の炭素は、皮膚と爪に親和性があります。一般的に発疹がみられます。その結合組織に対する作用により、栄養障害を伴う線維性疾患を引き起こす傾向があります。脱毛が起こる一方、紫色がかった湿った発疹から粘着性の分泌物がにじみ出ます。すり傷は潰瘍化し、さらに

化膿するかもしれません。湿疹ができやすい部位は、関節屈曲部と耳の後ろです。

■Hamamelis virginica（ハマメリス・バージニカ）, Hamamelis（ハマメリス）, Witch hazel（ウィッチ・ヘーゼル）, Hamamelidaceae（マンサク科）, アメリカマンサク

原液（φ）は、新鮮な小枝と根の樹皮からつくられます。

この植物は静脈循環に親和性があり、うっ血と出血を引き起こします。静脈に対する作用は一種の弛緩作用で、その結果怒張をきたします。静脈の怒張ないしうっ血があり、受動的出血を伴う場合は、いずれもこのレメディーを使うと病態が改善するはずです。

■Hecla lava（ヘクラ・ラーバ）, Hecla（ヘクラ）, ヘクラ山の火山灰

ポーテンタイゼーションは、火山灰を磨砕したものによって行われます。

この灰には、溶岩形成に伴う物質、つまりアルミナ、石灰、シリカが含まれています。この物質に対する親和性が最も強いのはリンパ組織と骨格です。このレメディーは、顔の骨の外骨腫ないし腫瘍の治療、および歯の疾患に起因するカリエスに有用です。また、上下の顎骨が侵される病気の治療に使われ、成果を上げてきました。一般的に骨腫の治療に役立つはずです。

■Helleborus niger（ヘレボラス・ニガー）, Christmas rose（クリスマス・ローズ）, Ranunclaceae（キンポウゲ科）, クリスマス・ローズ

原液（φ）は、新鮮な根の絞り汁からつくられます。

この植物は中枢神経系と消化管に親和性があります。程度は軽いものの、腎臓も侵されます。めまいを起こしているような動きが、全身痙攣を伴って現れます。嘔吐と下痢が起こり、便は赤痢様です。心臓の働きが鈍ります。

■Hepar sulphuris calcareum（ヘパ・ソーファリス・カルカーリアム），Hepar-sulphur.（ヘパソーファー），Calcium Sulphide（カルシウム・サルファイド），硫化カルシウム

この物質は、天然の炭酸カルシウムを硫黄華と一緒に焼くことによってつくられ、ポーテンタイゼーションは、その灰を磨砕したものによって行われます。

この物質は化膿と関係があり、極端な接触過敏反応を引き起こします。気道粘膜および消化管粘膜のカタル性炎や化膿性炎を引き起こします。皮膚とリンパ系も侵されます。このレメディーには広い作用範囲がありますが、激痛があることを示す極端な接触過敏反応がみられる化膿に対しては、常に検討しましょう。

このレメディーはポーテンシーが低いと化膿を促進し、ポーテンシーが高い（200C 以上）と化膿を停止させ、炎症の鎮静を促す可能性があります。

■Hippozaeninum（ヒポゼナイナム），馬鼻疽のノゾーズ

このノゾーズは、もう英国ではみられませんが、馬の届出伝染病である鼻疽からつくられるもので、古くから知られています。

このノゾーズは、粘着性ないしハチミツ色の分泌物を特徴とする多くのカタル状態に広く作用します。たとえば、鼻軟骨の潰瘍を伴うことも伴わないこともある副鼻腔炎や臭鼻症などです。ある種の慢性ウイルス性鼻炎に非常に役立つ可能性があります。

■Hydrangea arborescens（ハイドレンジャ・アボレセンス），Hydrangea（ハイドレンジャ），Hydrangeaceae（アジサイ科），アジサイ

原液（φ）は、新鮮な葉と若い根からつくられます。

この植物には泌尿器系、特に膀胱に対する強い作用があり、結石の溶解を助けます。前立腺もその作用範囲に入ります。

第19章　マテリア・メディカ　179

■Hydrastis canadensis（ハイドラスティス・カナデンシス），Hydrastis（ハイドラスティス）, Goldenseal（ゴールデンシール）, Ranunculaceae（キンポウゲ科）, ヒドラスティス

原液（φ）は、新鮮な根からつくられます。

この植物は粘膜を侵し、カタル性炎をきたします。一般的に分泌物は粘り気が強く、黄色をしています。軽い子宮炎や副鼻腔炎など、粘液膿性分泌物をもたらすカタル状態はすべて、このレメディーの作用範囲に入るでしょう。

■Hydrocotyle asiatica（ハイドロコータイル・アシアティカ），Hydrocotyle（ハイドロコータイル）, Indian pennywort（インディアン・ペニーワート）, Umbelliferae（セリ科）, ヒドロコティル

原液（φ）は、植物全体からつくられます。

この植物は主に、皮膚と雌の生殖器系に親和性があります。比較的弱いものの、肝臓の働きにも影響を及ぼします。表皮が肥厚しざらざらになる皮膚障害は、このレメディーの作用範囲に入ります。

■Hyoscyamus niger(ハイオサイマス・ナイジャー), Hyoscyamus（ハイオサイマス）, Henbane（ヘンベイン）, Solanaceae（ナス科）, ヒヨス

原液（φ）は、新鮮な植物からつくられます。

有効成分は、中枢神経系を侵して脳興奮と躁病の症状を引き起こします。このレメディーが必要となる場合は、炎症を伴いません（cf. Belladonna）。

■Hypericum perforatum（ハイペリカム・パーフォラタム），Hypericum（ハイペリカム）, St.John's wort（セントジョンズワート）, Hyperiaceae（オトギリソウ科）, セイヨウオトギリソウ

原液（φ）は、新鮮な植物全体からつくられます。

有効成分は、メラニン色素がないと、皮膚の一部に光過敏症を引き起

こすことができます。主に神経系に親和性があり、過敏症を引き起こします。皮膚に痂皮形成や壊死が起こる可能性があります。このレメディーのいちばんの重要性は、神経終末に損傷をきたした裂創の治療にあります。脊髄損傷、特に尾骨部の損傷に良好な結果をもたらします。その神経に対する特異作用は破傷風に使えることを示しており、損傷を受けたあとすぐに投与すると、毒素が広がるのを防ぐのに役立ちます。このレメディーは外用薬としてCalendula（カレンデュラ）と一緒に（ともに1/10の濃度で）裂創に使うことができます。また、光感作やそれに似たアレルギーの治療に役立つことがわかっています。

■Iodum（アイオダム）, Iodine（アイオダイン）, Element（元素）, ヨウ素

　ポーテンタイゼーションは、元素をアルコールに溶解したチンキによって行われます。その場合、1％濃度のチンキが使われます。

　大量に投与すると（ヨウ素中毒）、最初に副鼻腔と目が侵され、結膜炎や気管支炎を招きます。ヨウ素には甲状腺に対する特別な親和性があります。過剰に摂取すると筋肉の虚弱や萎縮を招く可能性があります。皮膚は乾燥してしなびたような外観を呈し、猛烈な食欲がみられます。組織の過形成と萎縮など、特徴的な対照的症状がみられる場合に、このレメディーが必要となる可能性があります。

　直腸検査で卵巣が萎縮して小さくなっていると思われる場合は、卵巣機能障害にも役立つ可能性があります。これは有用な腺のレメディーですが、甲状腺と特別な関係があることを忘れないようにしましょう。

■Ipecacuanha（イペカキュアーナ）, Ipecac（イペカック）, Rubiaceae（アカネ科）, 吐根

　原液（φ）は、乾燥した根からつくられます。エメチンというアルカロイドが主要成分です。

　この植物は出血と関係があり、血液が噴出する分娩後出血の治療に役立つことが知られています。ある種の下痢にも、特にしぶりがあって下

痢便が緑がかっている場合に役立つ可能性があります

■Iris versicolor（アイリスバシュキュラー）, Blue flag（ブルー・フラッグ）, Iridaceae（アヤメ科）, ブルー・フラッグ
　原液（φ）は、新鮮な根からつくられます。
　この植物はさまざまな腺に作用しますが、特に著しいのは唾液腺、腸腺、膵臓、甲状腺に対する作用です。胆汁の分泌を促進することでも有名です。甲状腺に対する作用によって、咽喉の腫脹をきたす可能性があります。このレメディーは動物診療では主に膵臓障害の治療に使われますが、一貫してよい結果を残しています。

■Kali arsenicosum（ケーライ・アーセニコサム）, Kali-ars.（ケーライアース）, Fowler's solution（ファウラーズ・ソリューション）, Potassium arsenite（ポタシアム・アーセネイト）, ヒ酸カリウム
　原液（φ）は、この塩を溶解してつくります。
　この物質の主な作用は、皮膚に対するものです。かゆみを伴う乾いた落屑性湿疹ができます。これは優れた一般的な皮膚のレメディーです。

■Kali bichromicum（ケーライ・バイクロミカム）, Kali-bich.（ケーライビック）, Potassium bichromate（ポタシアム・バイクロメイト）, 重クロム酸カリウム
　ポーテンタイゼーションは、この塩を蒸留水に溶解して行います。
　この塩は胃、腸、気道の粘膜に作用し、程度は軽いものの、そのほかの器官も侵します。発熱状態はみられません。粘膜に対する作用によって、黄色の粘り気があって糸を引くようなカタル性分泌物が出ます。この特殊な分泌物は、このレメディーの使用を強く示唆する症状です。気管支肺炎、副鼻腔炎、腎盂腎炎にも役立つ可能性があります。

■**Kali carbonicum**（ケーライ・カーボニカム）, **Kali-carb.**（ケーライカーブ）, **Potassium bichromate**（ポタシアム・バイクロメイト）, 炭酸カリウム

ポーテンタイゼーションは、この塩を蒸留水に溶解して行います。

この塩は、あらゆる植物のほか土壌中にも存在しますが、細胞のコロイド物質にはカリウムが含まれています。

これは、ほかのカリウム塩にも共通する、全身の虚弱をもたらします。発熱状態はみられません。このレメディーは、回復期のレメディーとして役立つ可能性があります。

■**Kali chloricum**（ケーライ・クロリカム）, **Kali-chlor.**（ケーライクロアー）, **Potassium chlorate**（ポタシアム・クロレイト）, 塩素酸カリウム

ポーテンタイゼーションは、この塩を蒸留水に溶解して行います。

主に泌尿器官を侵し、リン酸塩を多く含む血尿および蛋白尿をもたらします。

■**Kali hydriodicum**（ケーライ・ハイドゥリオディカム）, **Potassium iodide**（ポタシアム・アイオダイド）, ヨウ化カリウム

ポーテンタイゼーションは、この塩を磨砕したものをアルコールに溶解して行います。

この重要な薬物は、目から刺激性の水様性分泌物を生じさせるほか、線維組織ないし結合組織にも作用します。腺の腫脹も現れます。このレメディーは、特徴的な目や呼吸器の症状を示すさまざまな疾患に広く使われています。

■**Kreosotum**（クレオソータム）, **Beechwood kreosote**（ビーチウッド・クレオソート）, ブナのクレオソート

原液（φ）は、精留アルコールに溶解してつくります。

この物質は、著しい分泌物と潰瘍形成を伴う多数の小さな創傷から出

血をきたします。また、体液の急速な腐敗を引き起こします。眼瞼炎が起こり、皮膚に壊疽をきたす傾向があります。雌では、子宮から黒ずんだ血液が出ます。この物質は、切迫壊疽の状態に、つまり毛細血管出血および潰瘍がみられる典型的な壊疽の初期段階に使われ、成果を上げてきました。

■Lachesis（ラカシス）, Bushmaster（ブッシュマスター）, Surucucu snake（スルクク・スネイク）, 南米の毒蛇

　磨砕した毒液（Crotalus horridus 参照）をアルコールに溶解し、それを原液としてポーテンタイゼーションが行われます。

　この毒素は血液を分解し、流動化します。強い出血および敗血症の傾向があり、極度の疲労を伴います。このレメディーは毒蛇の咬傷に効果があり、敗血症の発生を防ぎ、腫脹を小さくします。特に、咽喉の左側が炎症ではれる場合に役立ちます。耳下腺も侵されるかもしれません。出血が起こると、血液は黒ずんで、すぐには凝固しません。患部の周囲の皮膚はどこも紫色を呈します。

■Lathyrus sativus（ラセラス・サティーバス）, Lathyrus（ラセラス）, Chick pea（チック・ピー）, Leguminosae（マメ科）, ヒヨコマメ

　原液（φ）は、花と鞘からつくられます。

　この植物は脊髄の前柱に作用し、下肢の麻痺を引き起こします。神経の働きが全体的に弱まります。このレメディーは、ミネラル欠乏症と関係のある臥位状態および、神経が衰え局所麻痺をきたす場合に検討しましょう。

■Ledum palustre（リーダム・パルストレ）, Ledum（リーダム）, Marsh tea（マーシュ・ティー）, Wild rosemary（ワイルド・ローズマリー）, Ericaceae（ツツジ科）, 野生のローズマリー

　原液（φ）は、植物全体からつくられます。

　有効成分は、筋肉痙攣を伴う破傷風様の症状を引き起こします。これ

は刺創、特にその周囲が変色し冷たくなる場合に使われる主なレメディーの1つです。昆虫咬傷および刺傷によく反応します。また、目の外傷にも有効です。

■Lemna minor（レムナ・ミノー）, Duckweed（ダックウィード）, Lemnaceae（ウキクサ科）, ウキクサ

原液（φ）は、植物全体からつくられます。

これは主に鼻道のカタル状態に対するレメディーで、その場合には非常に不快な粘液膿性の鼻汁が出ます。消化器系に関しては、下痢と鼓腸が起こります。

■Lilium tigrinum（リリアム・ティグライナム）, Lilium-tig.（リリアンティグ）, Tiger lily（タイガー・リリー）, Liliaceae（ユリ科）, オニユリ

原液（φ）は、新鮮な葉と花からつくられます。

主に骨盤器官に作用し、子宮ないし卵巣障害に起因する病態を引き起こします。少しずつ頻繁に排尿します。不整脈と心拍数の増加がみられます。子宮がうっ血し、血液の混じった子宮帯下が出ます。軽い子宮脱があるかもしれません。このレメディーは、血液が貯留している子宮蓄膿症のほか、卵巣障害にも示唆されます。

■Lithium carbonicum（リシューム・カーボニカム）, Lithium-carb.（リシュームカーブ）, Lithium carbonate（リシアム・カーボネイト）, 炭酸リチウム

原液（φ）は、乾燥した塩の磨砕物からつくられます。

この塩は、尿酸素質を伴う慢性の関節炎状態を引き起こします。排尿困難があり、尿には粘液と赤い砂状の沈殿物が含まれます。膀胱炎が起こり、黒みを帯びた尿が出ます。これはある種の関節炎や、尿に尿酸が含まれる場合に、検討すべき有用なレメディーです。

■Lobelia inflata（ロベリア・インフラータ）, Lobelia-inf.（ロベリアインフ）, Indian tobacco（インディアン・トバコ）, Lobeliaceae（キョウ科）, ロベリアソウ

原液（φ）は、乾燥した葉をアルコールに溶解してつくります。

有効成分は血管運動神経を刺激して、呼吸抑制、食欲不振、筋肉の弛緩を引き起こします。このレメディーは肺気腫の状態に対しても、一般的な回復期のレメディーとしても有用です。

■Lycopodium clavatum（ライコポーディウム・クラバタム）, Lycopodium（ライコポーディウム）, Club moss（クラブ・モス）, Lycopodiaceae（ヒカゲノカズラ科）, ヒカゲノカズラ

原液（φ）は、胞子の磨砕物をアルコールに溶解してつくります。

胞子は磨砕され、ポーテンタイゼーションされるまで活性がありません。

有効成分は主に、消化器系および泌尿器系に作用します。呼吸器系も侵され、よく肺炎が併発します。胃の機能が全般的に減退し、非常にわずかな食べ物しか摂取しなくなるでしょう。腹部が膨隆し、肝部の圧痛があります。肝臓の糖生成機能に支障をきたします。

このレメディーは、消化器系、泌尿器系、呼吸器系のさまざまな疾患に非常に役立ちます。症状が午後遅くないし夕方早くに悪化することがよくあると、このレメディーを使う指針となります。また、皮膚に対する作用から、脱毛症に使うことも考えられます。

■Lycopus virginicus（ライコポス・ヴァージニカス）, Lycopus（ライコポス）, Bugleweed（ビューグルウィード）, Labiatae（シソ科）, シロネ

原液（φ）は新鮮な植物全体からつくられます。

この植物の有効成分は血圧を下げ、受動的出血をきたします。動物診療に関係のある主な作用範囲は心臓系で、脈拍は弱く不規則になります。心機能が低下し、呼吸困難とチアノーゼを伴います。呼吸は喘鳴性で、血液の混じったものを伴う咳が出ることもあります。

■Magnesia phosphorica（マグネシア・フォスフォリカ），
Mag-phos.（マグフォス），Phosphate of magnesium（フォスフェイト・オブ・マグネシアム），リン酸マグネシウム
ポーテンタイゼーションは、この塩の磨砕物を溶解して行います。
この塩は筋肉に作用し、痙攣（こむら返り）を引き起こします。

■Malandrinum（マランドライナム），馬の病気のノゾーズ
このノゾーズは馬の水疱病（すいひ）として知られる距毛部の炎症から開発されたもので、患部から得られる分泌物などの材料を磨砕してつくります。
これは主に慢性の皮膚の発疹と分泌物の治療に使われます。それに関連して、ある種の外耳炎に役立つ可能性のあるレメディーとしても覚えておく価値があります。

■Melilotus（メリロータス），Sweet clover（スイート・クローバー），
Leguminosae（マメ科），スイートクローバー
原液（φ）は、新鮮な植物全体からつくられます。
この植物は大量出血と関係があります。クローバーは溶血性物質を含み、機械的外傷を受けた際に血液の凝固を妨げます。原因不明の血腫や皮下出血に役立つ可能性のあるレメディーとして覚えておきましょう。

■Mercurius solubilis（マーキュリアス・ソルビリス），Mercurius（マーキュリアス），水銀
ポーテンタイゼーションは、磨砕とアルコールによる希釈によって行います。
この金属は、ほとんどの器官と組織を侵し、細胞変性とそれによる貧血をきたします。流涎がほとんどの場合に認められ、歯肉はスポンジ状になり、簡単に出血します。通常下痢がみられ、便はネバネバして血液が混じっています。このレメディーが必要となる場合、症状は日没から日の出にかけて悪化します。

■Mercurius corrosivus（マーキュリアス・コローシバス）, Merc-co.（マークコー）, Mercuric chlori（マーキュリック・クロライド）, Corrosive sublimate（コローシブ・サブリメイト）, 塩化第二水銀（昇汞）

ポーテンタイゼーションは、磨砕と希釈によって行われます。

この塩の作用はMercurius（マーキュリアス）と多少似ていますが、通常さらに深刻な症状を引き起こします。下部腸管に激しいしぶりをきたし、赤痢を引き起こすほか、腎臓組織に対する破壊的作用もあります。粘膜表面から出る分泌物は緑色がかっています。

■Mercurius cyanatus（マーキュリアス・シアナタス）, Merc-cyan.（マークシアン）, Cyanate of mercury（サイアネイト・オブ・マーキュリー）, シアン化第二水銀

ポーテンタイゼーションは、磨砕と希釈によって行われます。

この特殊な塩には細菌毒素に似た作用があります。疲憊を伴う出血傾向が一般的な特徴です。通常、口腔と咽喉の粘膜に潰瘍が起こり、その表面を灰色がかった膜が覆います。侵されやすい部分の1つが咽頭部で、粘膜が赤くなり、その後、壊死に至ります。

■Mercurius dulcis（マーキュリアス・ダルシス）, Merc-dul.（マークダル）, Calomel（カロメル）, Mercurous Chloride（マーキュラウス・クロライド）, 塩化第一水銀

ポーテンタイゼーションは、磨砕と希釈によって行われます。

この塩は、特に耳と肝臓に親和性があります。黄疸を伴う肝炎を引き起こす可能性があります。このレメディーは、軽度の肝硬変の場合に検討する価値があります。

■**Merc iod flavus**（マーク・アイオド・フラバス）, **Yellow iodide**（イエロー・アイオダイド）, ヨウ化第一水銀

　ポーテンタイゼーションは、磨砕と希釈によって行われます。

　ヨウ化第一水銀には、舌苔を伴う腺の硬結を引き起こす傾向があります。顎下腺および耳下腺が腫脹しますが、右側のほうが顕著です。耳下腺炎やリンパ節炎一般を含め、さまざまな腺組織の腫脹がこのレメディーの作用範囲に入ります。

■**Merc iod ruber**（マーク・アイオド・ルバー）, **Red iodide**（レッド・アイオダイド）, ヨウ化第二水銀

　ポーテンタイゼーションは、塩を磨砕して行います。

　ヨウ化第二水銀にも腺の腫脹をきたす傾向がありますが、この場合には、咽喉の左側が侵されます。頸部の筋肉の硬直が顕著な症状をなすかもしれません。

■**Millefolium**（ミュルフォリューム）, **Yarrow**（ヤロー）, **Compositae**（キク科）, セイヨウノコギリソウ

　原液（φ）は、植物全体からつくられます。

　この植物の作用によって、さまざまな部位から出血が起こります。血液は鮮紅色をしています。

■**Mineral extract**（ミネラル・エクストラ）

　この物質は最近研究され、ある種の関節障害、特に手根部や足根部の関節炎などに効果のあることが示されました。

■**Mixed grasses**（ミックスド・グラシース）

　猫のなかには、早春から夏の草にアレルギー反応を示すものがあり、ひどいかゆみと皮膚病変が現れます。さまざまな草をポーテンタイゼーションした複合薬が、そのような症状に役立つようです。ほかのレメディーと併用することが考えられます。

第19章 マテリア・メディカ 189

■Morgan-bach（モーガン・バッチ），モーガン・バシラス（腸内細菌）
　モーガン・バシラスの症状像は、臨床観察から、一般的に消化器および呼吸器疾患であることがわかっています。また、線維組織と皮膚に対する二次作用もあるので、実際的には主に炎症状態、特に急性湿疹に、適切なレメディーと組み合わせて使われます。

■Murex purpurea（ミューレックス・パープリア），Purple fish（パープル・フィッシュ），アクキガイ
　原液（φ）は、アクキガイの一種のパープル腺の分泌液を乾燥したものからつくられます。
　主に雌の生殖器系に作用し、発情周期の乱れをもたらします。このレメディーは発情休止期にも、排卵を促進するためにも使われてきましたが、おそらく最もよい結果が期待できるのは、雌の異常性欲を招く囊胞性卵巣の場合でしょう。

■Muriaticum acidum（ミュリアティカム・アシダム），Muriatic-acid.（ミュリアティックアシッド），Hydrochloric acid（ハイドロクロリック・アシド），塩酸
　ポーテンタイゼーションは、蒸留水で希釈することによって行われます。
　この酸は、慢性敗血症の発熱段階と同じ血液状態を引き起こします。潰瘍を形成する傾向があります。咽喉が暗赤色に変色し浮腫状になるほか、口唇の潰瘍、歯肉の腫脹、頸部の腺の腫脹がみられます。

■Naja tripudians（ナージャ・トリプディアンス），Naja（ナージャ），Cobra（コブラ），コブラ
　ポーテンタイゼーションは、毒液を磨砕〔「Crotalus horridus」参照〕しアルコールで希釈することによって行われます。あるいは、毒液をそのまま希釈して原液（φ）をつくることもあります。
　この毒素は延髄麻痺を引き起こします。出血は少量ですが、著しい浮

腫が起こります。咬まれると皮下組織が濃い紫色になり、血液の混じった液体が大量にたまります。続いて四肢がコントロールできなくなります。心臓も顕著な影響を受けます。このレメディーは、血管神経性浮腫に役立つ可能性があります。

■Natrum muriaticum（ナトリューム・ミュリアティカム）, Nat-mur.（ネイチュミュア）, Sodium chloride（ソディアム・クロライド）, 塩化ナトリウム

ポーテンタイゼーションは、磨砕したものを蒸留水で希釈することによって行われます。

通常の塩を過剰に摂取すると貧血をきたし、さまざまな部位に水腫ないし浮腫を招くことでそれが明らかになります。白血球数が増加し、粘膜は乾燥します。このレメディーは、貧血あるいは慢性腎炎の結果生じる不健全な状態に役立ちます。

■Natrum sulphuricum（ナトリューム・ソーフリカム）, Nat-sulph.（ナットソーファー）, Sodium sulphate（ソディアム・サルフェイト）, 硫酸ナトリウム

原液（φ）は、塩の磨砕物からつくります。

グラウバー塩（一般的な名称）は、動物が湿気にさらされてきた場合に虚弱状態を引き起こします。肝臓が侵されるほか、いぼができる傾向があります。ときどき黄疸を伴う肝炎が起こります。鼓腸および水様下痢も併発します。経験から、このレメディーは、頭部外傷の既往歴があり、それが原因で一見無関係なさまざまな症状を引き起こしている場合に、非常に有益であることがわかっています。

■Nitricum acidum（ニトリカム・アシダム）, Nitric-acid.（ニタック）, 硝酸

ポーテンタイゼーションは、蒸留水に溶解することによって行われます。

この酸は特に、皮膚と粘膜の接合する身体の開口部を侵します。口に潰瘍と水疱ができ、不快な分泌物が出ますが、潰瘍はほかの粘膜にも起こる可能性があります。このレメディーは、ある種の粘膜疾患に役立ってきました。

■Nux vomica（ナックス・ボミカ）, Poison nut（ポイズン・ナット）, Loganiaeceae（マチン科）, マチンシ
　原液（φ）は、種子からつくられます。
　この植物と関係があるのは消化器障害とうっ血です。鼓腸と消化不良がよくみられ、便は硬いのが一般的です。

■Ocimum canum（オシマム・カナム）, Brazilian alfavaca（ブラジリアン・アルファバカ）, Labiatae（シソ科）
　原液（φ）は、新鮮な葉からつくられます。
　このレメディーは、主に泌尿器系に作用し、濃い黄色の混濁尿が出ます。尿はドロドロした膿状で、麝香（じゃこう）のような甘いにおいがします。主に、このような典型的な症状のみられる泌尿器障害に使われます。

■Opium（オピウム）, Poppy（ポピー）, Paraveraceae（ケシ科）, ケシ
　原液（φ）は、磨砕してできた粉末からつくられます。
　ケシは昏迷や鈍麻を伴う神経系の機能麻痺を引き起こします。生活反応を欠きます。常に傾眠状態がみられるのが特徴です。瞳孔が収縮し、じっと一点を見つめるような目つきをします。

■Ovarinum（オバリナム）, 人工卵巣ホルモン
　これも、卵巣ホルモンをポーテンタイゼーションしたものの1つです。作用範囲はFolliculinum（フォリキュライナム）に似ていますが、結果はそれより劣ることが示されています。

■Palladium（パラデューム）, Metal（金属）, パラジウム
　ポーテンタイゼーションは、磨砕物をアルコールで希釈することによって行われます。
　この元素は主に雌の生殖器系、とりわけ卵巣に作用して炎症を引き起こしますが、骨盤腹膜炎を伴う傾向があります。右側の卵巣のほうが侵されやすい傾向があります。卵巣炎の結果として生じる腰部の疾患にも役立つはずです。

■Pancreas-pancreatinum（パンクレアス・パンクレアチナム）, Pancreas（パンクレアス）
　原液（φ）は、磨砕した膵臓抽出物からつくられます。
　これはさまざまな膵臓障害に、それぞれの症例に応じて、単独ないし別のレメディーと組み合わせて使われます。膵炎の場合は、消化酵素のトリプシンと併用することが考えられます。

■Pareira（パレーラ）, Velvet leaf（ベルベット・リーフ）, Menispermaceae（ツヅラフジ科）, ベルベットリーフ
　原液（φ）は、新鮮な根のチンキからつくられます。
　この植物の有効成分は主に泌尿器系に作用し、膀胱のカタル性炎を引き起こしますが、結石を形成する傾向があります。雌では、膣ないし子宮分泌物がみられるかもしれません。これは、急性の有痛性排尿困難や苦痛を伴う膀胱結石の場合に検討すべき有用なレメディーです。

■Parotidinum（パロティダイナム）, 耳下腺炎のノゾーズ
　これは流行性耳下腺炎（おたふくかぜ）のノゾーズで、動物診療では、耳下腺の腫脹や関連組織の治療に役立つレメディーです。単独で使う場合も、ほかのレメディーと併用する場合もあります。

■Petroleum（ペトロリューム）, Rock spirit（ロック・スピリット）
　原液（φ）は、未精製の石油（原油）からつくられます。

この物質は、皮疹と粘膜カタルを引き起こします。耳、眼瞼、足のあたりに湿疹様皮疹が現れ、治りの遅い亀裂を生じます。皮膚は通常乾いています。病状は普通、寒い天候で悪化します。症状が合致すれば、これはある種の慢性皮膚疾患に役立つレメディーです。

■Phosphoricum acidum（フォスフォリカム・アシダム），
　Phosphoric-acid．（フォスフォリックアシッド），リン酸

ポーテンタイゼーションは、この酸を蒸留水で希釈することによって行われます。

この酸は、鼓腸と下痢を一般的な特徴とする衰弱状態を引き起こします。

■Phosphorus（フォスフォラス），Element（元素），リン

原液（φ）は、赤リンの磨砕物からつくられます。

この重要な物質は、粘膜に炎症および変性作用を及ぼし、骨の破壊ならびに肝臓そのほかの実質臓器の壊死をきたします。目の組織、特に網膜と虹彩に深い作用を及ぼします。このレメディーは顕著な出血性素因と関係があり、皮膚と粘膜に小出血が現れます。実際に広くさまざまな使い方がされており、最も重要なレメディーの1つです。

■Phytolacca decandra（ファイトラカ・デカンドラ），Phytolacca（ファイトラカ），Poke Root（ポーク・ルート），Phytolaccaceae（ヤマゴボウ科），アメリカヤマゴボウ

原液（φ）は、新鮮な植物全体からつくられます。

腺の腫脹を伴う落ち着きのなさと疲憊が、この植物に関係します。動物診療では主に乳房の腫脹、特に乳房が硬くなり痛みを伴う場合に使われます。程度のさまざまな乳房炎とともに膿瘍が現れることがあります。雄では、精巣が腫脹するかもしれません。このレメディーは、乳房炎そのほかによる乳房の腫脹にきわめて有益です。

■Platina metalicum（プラタイナ・メタリカム）, Platina（プラタイナ）, Metal（金属）, プラチナ

原液（φ）は、この金属をラクトースと一緒に磨砕したものからつくられます。

この金属には雌の生殖器系、特に卵巣に対する特異作用があり、すぐに炎症が起こります。囊胞性卵巣が頻繁に起こります。これは、シャム、バーマン、バーミーズなど特定の種類の猫で、気質がこのレメディーの心理的側面に合う場合には検討に値する有用なレメディーです。

■Plumbum metallicum（プランバン・メタリカム）, Plumbum（プランバン）, Lead（リード）, Metal（金属）, 鉛

原液（φ）は、乳糖と一緒に磨砕したものからつくられます。

鉛にさらされたり摂取したりすると、痛みに続いて麻痺状態が起こります。鉛は中枢神経系に作用しますが、肝臓障害も引き起こし、黄疸の状態を招きます。

血液像は貧血を示します。下肢の麻痺が現われるほか、一般に全身痙攣があり昏睡状態に至ります。これは、肝障害を伴う腎変性の場合に検討すべき有用なレメディーとして覚えておきましょう。

■Podophyllum（ポードファイラム）, May Apple（メイ・アップル）, Berberidaceae（メギ科）, アメリカミヤオソウ/モンドレイク

原液（φ）は、新鮮な植物全体からつくられます。

この植物の有効成分は主に十二指腸や小腸に作用し、腸炎を引き起こします。肝臓や直腸も侵されます。腹部膨隆が起き、腹部を下にして横たわる傾向があります。疝痛が起き、肝臓部には圧痛があります。緑色がかった水様下痢が便秘と交互に現れることがあります。このレメディーは特に、子猫の胃腸障害のほか、肝臓や門脈のうっ血にも役立ちます。

■Psorinum（ソライナム）, Scabies（スケイビーズ）, 疥癬のノゾーズ

原液（φ）は、乾燥させた水疱の磨砕物からつくられます。

このノゾーズは、特に顕著な皮膚症状を伴う急性の病態のあとに、衰弱状態を引き起こします。排泄物はすべて不快です。慢性眼炎が、中耳炎と外耳炎とともにときどきみられることがあり、不快な茶色がかった眼脂（めやに）を出します。皮膚の病変は激しいかゆみを伴います。このレメディーを必要とする動物は、暖かさを好みます。

■Ptelea（テリア）, Water ash（ウォーター・アッシュ）, Rutaceae（ミカン科）, ホップノキ

原液（φ）は、樹皮ないし根からつくられます。

この植物は、主に胃と肝臓に作用します。肝炎が発生し、肝臓と胃の部分に圧痛をきたします。これは毒素の排泄を促し、それによって湿疹や喘息などの傾向を取り除くという意味で、優れた'浄化'レメディーです。

■Pulsatilla（ポースティーラ）, Anemone（アネモネ）, Ranunclaceae（キンポウゲ科）, セイヨウオキナグサ

原液（φ）は、開花期の植物全体からつくられます。

粘膜がこの植物の作用範囲に入り、濃い粘液膿性の分泌物が出ます。このレメディーは、卵巣機能低下と胎盤停滞の治療に役立つことがわかっています。

■Pyrogen（パイロジェン）, Sepsin（セプシン）, 人工セプシン

原液（φ）は、生の蛋白を蒸留水に溶解してつくります。

このノゾーズは、不快な分泌物を伴う感染性炎症と特に関係があります。このレメディーは、弱い糸状脈を伴う発熱が繰り返し起こる敗血症状態には常に示唆されます。200C以上のポーテンシーで使う必要があります。

■Ranunculus bulbosus（ラナンキュラス・ブルボーサス）, Buttercup（バターカップ）, Ranunculaceae（キンポウゲ科）, キンポウゲ

原液（φ）は、植物全体からつくられます。

主に筋肉組織と皮膚に作用し、接触過敏反応を引き起こします。皮膚病巣は丘疹および水疱疹として現れ、それが融合して複数の卵形の集団をつくることもあります。

■Rescue remedy（レスキュー・レメディ）, レスキューレメディー

これは数あるバッチ・フラワーレメディーの1つで、おそらく最も広く知られ、使われているものです。バッチ・フラワーレメディーは、ホメオパシーのレメディーのようにポーテンタイゼーションされていませんが、顕著な治療特性を有することが実際に示されています。Rescue remedy は、ストレス、ショック、手術のトラウマなど、何らかの精神的外傷を受けた患畜に使うと効果があります。生まれて間もない虚弱な子猫を元気づけるのに有用なレメディーです。

■Rhododendron（ロドデンドロン）, Snow rose（スノーローズ）, Ericaceae（ツツジ科）, シャクナゲ

原液（φ）は、新鮮な葉からつくられます。

この潅木は、筋肉と関節の硬直に関係があります。精巣炎も珍しくなく、精巣が硬化します。

■Rhus toxicodendron（ラス・トキシコデンドロン）, Rhus-tox.（ラストックス）, Poison oak（ポイゾン・オーク）, anacardiaceae（ウルシ科）, ウルシ

原液（φ）は、新鮮な葉からつくられます。

この木の有効成分は、皮膚と筋肉のほか、粘膜と線維組織にも作用し、猛烈な痛みと水疱疹をもたらします。硬直症状は動くと軽減します。皮膚が侵されると、小水疱を伴う赤みがかった発疹ができ、周辺組織に蜂巣炎が発生します。

このレメディーは、運動すると特徴的な改善がみられる筋肉および関節の疾患に役立つ可能性があります。

■Rumex crispus（ルメックス・クリスパス）, Rumex（ルーメックス）, Yellow dock（イエロー・ドック）, Polygonaceae（タデ科）, ルメックス

原液（φ）は、新鮮な根からつくられます。

この植物の有効成分は、粘膜の分泌を減らします。食欲不振と水様下痢を伴う慢性胃炎が現れます。気管と鼻から粘液性の分泌物が出ますが、泡状を呈する傾向があります。これは、ある種の呼吸器疾患に有用なレメディーです。

■Ruta graveolens（ルータ・グラヴィオーレンス）, Ruta（ルータ）, Rue（ルー）, Rutaceae（ミカン科）, ヘンルーダ

原液（φ）は、新鮮な植物全体からつくられます。

Ruta には骨膜と軟骨に対する作用がありますが、目と子宮にも二次的に作用します。特に手根関節部に沈着物が形成されます。また、下部腸管および直腸に対する選択的作用があり、軽度の直腸脱に効果を発揮する可能性があります。子宮の収縮を強め陣痛を促進する作用のあることが知られています。

■Sabina（サビーナ）, Savin（サビン）, Cupressaceae（ヒノキ科）, サビナビャクシン

原液（φ）は、アルコールに溶解した油からつくられます。

主に子宮に作用し、流産傾向を招きます。また、線維組織と漿膜に対する作用もあります。凝固しない鮮紅色の出血と関係があります。このレメディーの主な用途は、胎盤停滞を含む子宮の疾患です。頑固な分娩後出血も収まる可能性があります。

■Salicylicum acidum（サリチリカム・アシダム）, Salicylic-acid.（サリチリックアシッド）, Salicylic acid（サリチリック・アシド）, サリチル酸

結晶を磨砕したもの。

この酸には関節に腫脹をきたす作用がありますが、ときにはカリエス（骨瘍）を招くこともあります。またプルービングでは、出血そのほかの胃の症状が顕著にみられます。リウマチ性および変形性関節炎や突発性の胃出血の治療に使われます。

■Sanguinaria（サンギナーリア）, Blood Root（ブラッド・ルート）, Papaveraceae（ケシ科）, サンギナリア

原液（φ）は、新鮮な根からつくられます。

この植物に含まれているアルカロイド、サンギナリンには循環系に対する親和性があり、うっ血と皮膚の赤変を招きます。雌の生殖器系が侵され、卵巣の炎症が起こります。さまざまな部位に小さな皮膚出血が生じます。前肢、特に左肩部の硬直がみられるかもしれません。

■Secale cornutum（セケイリー・コーナタム）, Secale（セケイリー）, Ergot of rye（エルゴット・オブ・ライ）, Fungi（菌類）, 麦角

原液（φ）は、新鮮な菌からつくられます。

麦角は平滑筋の著しい収縮を引き起こし、さまざまな部位への血液供給を減らします。これは特に末梢血管、とりわけ足の血管に顕著に現れます。暗緑色の便と赤痢が交互に起こります。子宮から腐敗した分泌物とともに黒ずんだ出血があります。皮膚は乾燥してしなびて見え、壊疽を形成する傾向があります。

このレメディーには循環器系と平滑筋に対する作用があるので、分娩後の黒ずんだ出血などの子宮疾患や末梢循環障害を伴う疾患に有用です。

■Sepia officinalis（シーピア・オフォシナリス）, Sepia（シーピア）, Cuttlefish（カトルフィッシュ）, コウイカ

第19章　マテリア・メディカ　199

ポーテンタイゼーションは乾燥したイカの墨を磨砕したもので行われます。

この物質と関係があるのは、門脈のうっ血および雌の生殖器系の機能障害です。子宮脱の可能性あるいは傾向があります。発情周期を全般的に調節するので、治療の前投薬として常にルーティーン的に投与しましょう。また、皮膚に対する作用もあり、白癬の治療に好結果を残しています。通常、分娩後のさまざまな種類の分泌物に効果があるでしょう。さらに、子どもに無関心ないし敵意を示す場合に、自然な母性本能を刺激する作用もあります。

■Silica（シリカ）, Flint（フリント）, フリント
ポーテンタイゼーションは、磨砕したものをアルコールに溶解して行われます。

この物質は主に骨に作用し、カリエスや壊死を引き起こします。また、結合組織に膿瘍や瘻孔を生じさせ、二次的に線維性腫瘤をつくります。創傷はどれも化膿する傾向があります。このレメディーは慢性の化膿がみられる多くの場合に示唆され、広く使われています。

■Solidago virgaurea（ソリデイゴ・バージリア）, Solidago（ソリデイゴ）, Golden rod（ゴールデン・ロッド）, Compositae（キク科）, アキノキリンソウ
原液（φ）は、新鮮な植物全体からつくられます。

この植物には実質臓器、特に腎臓に対する炎症作用があります。尿は少なく、赤みを帯び、円柱を含みます。前立腺肥大がしばしばみられます。これは、雄のある種の腎機能不全に検討すべき有用なレメディーですが、前立腺肥大は、伴う場合も伴わない場合もあります。

■Spigelia（スパイジェーリア）, Pink root（ピンク・ルート）, Loganiaceae（マチン科）, セッコンソウ
原液（φ）は、乾燥させたものからつくられます。

この植物は神経系に親和性があるほか、心臓部と目にも作用し、眼炎や瞳孔散大を引き起こします。これはある種の目の病気、特に目の上に痛みのあることが確認できた場合に、有益なレメディーです。

■Spongia tosta（スポンジア・トスタ）, Spongia（スポンジア）, Roasted sponge（ローステッド・スポンジ）, 焼き海綿

ポーテンタイゼーションは、アルコールで希釈することによって行われます。

この物質は、呼吸器官と心臓に関係のある症状を引き起こします。リンパ系も侵されます。甲状腺が肥大します。このレメディーは腺全般に作用することから、リンパ節炎に使うことが示唆されます。主として、呼吸器感染のあとに、心臓レメディーとして使われます。

■Squilla maritima（スキーラ・マリティマ）, Squilla（スキーラ）, Sea onion（シー・オニオン）, Liliaceae（ユリ科）, 海葱

原液（φ）は、乾燥した球根からつくられます。

この物質は特に気道粘膜に作用します。消化器系と腎臓系も作用を受けます。鼻汁が出て、最初は乾いた咳を伴いますが、その後、湿った咳に変わります。尿意切迫感があり、薄い尿が大量に出ます。これは心臓と腎臓の疾患、とりわけ浮腫がみられる場合に有用なレメディーです。

■Staphysagria（スタフィサグリア）, Stavesacre（ステイヴゼイカー）, Ranunculaceae（キンポウゲ科）, ヒエンソウ

原液（φ）は、種子からつくられます。

この植物と関係があるのは主に神経系ですが、泌尿生殖路と皮膚にも作用します。このレメディーは膀胱炎にも有用です。しかし、おそらく最も重要な用途は術後療法としてのもので、精神面への作用によって精神的トラウマを軽減し傷の回復を促進します。また、ホルモンと関係のある湿疹や脱毛の治療にも有益です。

■Stramonium（ストラモニューム）, Thorn Apple（ソーン・アップル）, Solanaceae（ナス科）, チョウセンアサガオ

原液（φ）は、新鮮な植物全体と果実からつくられます。

この潅木の有効成分は主に中枢神経系、特に大脳に作用してよろめき歩行をきたし、左前方に倒れる傾向があります。瞳孔が散大し、じっと見つめるような目つきをします。これは、全体的な症状が合致すれば、脳障害に対して検討すべき有用なレメディーです。

■Streptococcinum（ストレプトコカイナム）およびStaphylococcinum（スタフィロコカイナム）, 連鎖球菌およびブドウ球菌

連鎖球菌のノゾーズは、紅斑性発疹、扁桃炎、腎盂腎炎など、この細菌の感染と関係のある疾患に使われます。ほかのレメディーと併用することもできます。黄色ブドウ球菌のノゾーズは、膿瘍や乳房炎などのブドウ球菌感染症に対して検討すべき主なレメディーです。これらのノゾーズは 30C のポーテンシーで使われます。

■Strophanthus（ストロファンサス）, Onage（オナージ）, Apocynaceae（キョウチクトウ科）, ストロファンサス

原液（φ）は、種子をアルコールに溶解してつくります。

この潅木は横紋筋の収縮力を強めます。特に心臓に作用し、心収縮を強めます。排尿量が増加し、アルブミン尿がみられることもあります。これは有用な心臓レメディーで、浮腫を取り除くのに役立ちます。特に高齢の動物に対する安全で有益な利尿剤です。

■Strychninum（ストリキニナム）, Strychnine（ストリキニーネ）, ストリキニーネ, Nux-vomica に含まれるアルカロイド

ポーテンタイゼーションは、蒸留水に溶解することによって行われます。

このアルカロイドは脊髄の運動中枢を刺激し、呼吸を深くします。す

べての反射が亢進し、瞳孔は散大します。筋肉、特に首と背中の筋肉の硬直が起こり、四肢の反射運動（ジャーク）や攣縮（トゥイッチ）を伴います。筋肉の振戦や強縮性の痙攣が急激に起こります。

■**Sulfonal**（サルフォナール）, スルホナール, コールタールの誘導体

　原液（φ）はアルコール溶液から、あるいは乳糖とともに磨砕したものからつくられます。

　この物質は中枢神経系に作用して、筋肉の不規則運動、攣縮（トゥイッチ）、協調不能をきたし、筋肉は硬直して麻痺傾向がみられます。これは、典型的な筋神経症状を示す大脳皮質障害に対して検討すべき有用なレメディーです。

■**Sulphur**（ソーファー）, **Element**（元素）, 硫黄

　ポーテンタイゼーションは磨砕してから、アルコールで希釈することによって行われます。

　この元素には幅広い作用がありますが、主に疥癬や湿疹などの皮膚疾患に使われます。また、ほかのレメディーの作用を助ける併用レメディーとしても使われます。

■**Symphytum**（シンファイタム）, **Comfrey**（コンフリー）, **Boraginaceae**（ムラサキ科）, ヒレハリソウ

　原液（φ）は、新鮮な植物からつくられます。

　この植物の根は、潰瘍部の上皮組織の発達を刺激し、骨折の場合は骨の癒合を促進します。骨折の場合は、治癒を助長するルーティーンレメディーとして常に投与しましょう。Arnica（アーニカ）などほかの外傷レメディーとともに、外傷一般の治療にも示唆されます。これはまた、傑出した目のレメディーでもあります。

■**Syzygium**（シジギウム）, **Jumbul**（ジャンブル）, **Myrtaceae**（フトモモ科）, シジギウム

原液（φ）は種子を磨砕し、アルコールに溶解してつくります。
　この植物には膵臓に対する作用があり、それがこのレメディーの実際的な用途を決定しています。特に糖尿病に使われ、尿の比重を下げ、口渇を抑え、排尿量を抑制します。

■Tabacum（タバカム）, Tobacco（タバコウ）, タバコ
　この物質は吐き気と嘔吐、間欠脈と虚弱をきたします。極端な症例の症状像は、筋肉脱力と虚脱です。
　このレメディーの猫に対する主な用途は、特に船旅による乗り物酔いの治療です。

■Tarentula hispanica（タランチュラ・ヒスパニカ）, Spanish spider（スパニッシュ・スパイダー）, スペイングモ
　原液（φ）は、クモ全体を磨砕してつくります。
　この毒素は、ヒステリー状態と関係があります。また、同時に泌尿生殖器系にも作用します。興奮を伴う、あるいはそれに続いて起こるヒステリーやてんかんの場合に検討すべき有益なレメディーです。雄の性欲亢進症にも役立つ可能性があります。

■Tellurium（テリュリューム）, Metal（元素）, テルリウム
　原液（φ）は、乳糖とともに磨砕したものからつくられます。
　この元素は皮膚、目、耳のほか、仙骨部にも作用します。白内障と結膜炎が起こります。皮膚には輪状のヘルペス様の発疹が現れます。このレメディーはある種の耳の疾患に検討すべき有用なレメディーですが、その場合、耳介に発疹が現れます。

■Terebinthina（テレビンシーナ）, Turpentine（ターペンタイン）, テレビン油
　ポーテンタイゼーションは、アルコール溶液によって行われます。
　さまざまな部位の表面から出血をきたしますが、特に泌尿器症状が顕

著です。排尿困難があり、通常は血尿が起こります。特に分娩後に、子宮から出血することもあります。このレメディーは主に、血尿と芳香臭のある尿を伴う急性腎炎に使われます。そのにおいはスミレの香りにたとえられてきました。また、ガスがたまる鼓腸の治療にも有用で、その場合は低ポーテンシーが役立つでしょう。

■Testosterone（テストステロン），テストステロン

これは精巣から分泌される男性ホルモンで、主に去勢された雄の粟粒湿疹と脱毛の治療に使われてきました。その点に関しては、女性ホルモンの Folliculinum（フォリキュライナム）や Ovarinum（オバリナム）よりも効果が小さいことが臨床的に示されています。また、結果はまちまちですが、肛門腺腫の治療にも使われてきました。

■Thallium acetas（サリューム・アセタス），酢酸タリウム

ポーテンタイゼーションは、この金属塩を磨砕し、アルコールに溶解して行われます。

この金属は内分泌系のほか、皮膚および筋神経系にも作用し、麻痺に続いて筋萎縮を引き起こします。皮膚の障害はしばしば脱毛をきたします。このレメディーは主に慢性の脱毛症など、皮膚の栄養障害の治療に使われます。

■Thlaspi bursa pastoris（サラスピ・バーザ・パストリス），Thlaspi（サラスピバーサ），Shepherd's purse（シェパーズ・パース），Cruciferae（アブラナ科），ナズナ

原液（φ）は、新鮮な植物からつくります。

この植物は、出血と尿酸素質を引き起こします。子宮から血塊を取り除く作用があるので、流産のあとに示唆されます。頻繁に排尿し、尿は重く濁り、沈殿物は赤みがかっています。通常、血尿を伴う膀胱炎がみられます。

■Thuja occidentalis（スーヤ・オクシデンタリス）, Thuja（スーヤ）, Arbor vitae（アーバー・バイティ）, Coniferae（マツ目）, ニオイヒバ
原液（φ）は、新鮮な枝からつくります。
　Thujaは、いぼ状の腫瘤や腫瘍の形成に適した状態をつくります。主に皮膚と泌尿生殖器系に作用します。いぼとヘルペス様の発疹が生じますが、好発部位は頸部と腹部です。このレメディーは、すぐに出血するいぼ状の腫瘤が生じる皮膚障害の治療にきわめて重要です。特に乳頭腫状のこぶによく効きますが、併せてこのレメディーの原液を外用すると、さらに効果が上がる可能性があります。

■Thyroidinum（サイロイダイナム）, Thyroid gland（サイロイド・グランド）, 甲状腺
　ポーテンタイゼーションは磨砕し、アルコールで希釈して行います。
　甲状腺ホルモンの過剰分泌は、貧血、削痩、筋肉脱力などと関係があります。顕著な瞳孔散大があります。心拍数が増えます。このレメディーは、脱毛症やそれに関連した皮膚障害の治療に役立つ可能性があります。

■Trinitrotoluene（トリニトロトルエン）, トリニトロトルエン
　ポーテンタイゼーションは、蒸留水に溶解することによって行います。
　この物質は赤血球細胞に破壊的作用を及ぼし、溶血をきたしてヘモグロビンの喪失を招きます。それによって貧血が起こりますが、それがこのレメディーによる治療の原理です。

■Tuberculinum bovinum（チュバキュライナム・ボーバイナム）, 牛の結核菌のノゾーズ
　これは、結核の症例に出合った場合に検討すべきノゾーズです。しかし、それとは別に、骨髄炎、ある種の腹膜炎、滲出液を伴う胸膜炎にも示唆されます。

■Uranium nitricum（ウラニューム・ニトリカム）, Uranium-nit.（ウラニュームニット）, Uranium nitrate（ウラニアム・ニトレイト）, 硝酸ウラン

原液（φ）は、蒸留水に溶解してつくります。

この塩のプルービングと関係のある他覚症状は、糖尿と多尿です。膵臓に対する顕著な作用があり、消化機能に影響を与えます。多量の排尿があります。これは有用な膵炎のレメディーで、Iris vesicolor（アイリス・バシュキュラー）のあとに使うと効果を発揮します。

■Urtica urens（アーティカ・ウーレン）, Stiging nettle（スティンギング・ネットル）, Urticaceae（イラクサ科）, イラクサ

原液（φ）は、新鮮な植物からつくります。

イラクサは、結石を形成する傾向を伴う無乳症を引き起こします。一般的な尿酸素質があり、皮膚には蕁麻疹様の腫脹がみられます。尿分泌が減少します。乳房は周囲の浮腫を伴い肥大します。これは、さまざまな泌尿器疾患および皮膚疾患にきわめて有用なレメディーです。尿酸体質の治療においては、尿酸塩の沈殿物を多く含む濃い尿の排泄を通して作用します。

■Ustilago maydis（ウスティラーゴ・メイディス）, Ustilago（ウスティラーゴ）, Corn smut（コーン・スマット）, 菌類

原液（φ）は、菌を乳糖とともに磨砕したものからつくります。

この物質は雌雄両方の生殖器官に親和性がありますが、とりわけ雌、それも子宮への作用が際立っています。被毛が乾き、程度のさまざまな脱毛が起こります。子宮出血が起こりますが、血液は鮮紅色で、一部は凝固しています。分娩後出血が起こります。雄では性欲亢進症が起こりますが、そのために動物診療では、雄の過剰な性行動の抑制がこのレメディーの主要用途の1つになっています。子宮への作用も見落とさないようにしましょう。

■Uva ursi（ウヴァ・ウルシ）, Bearberry（ベアベリー）, Ericaceae（ツツジ科）, クマコケモモ

原液（φ）は、乾燥した葉と果実からつくります。

有効成分は泌尿器系の障害と関係があります。通常、膀胱炎が発生し、尿に血液、膿、粘液が混じることもあります。腎臓障害は通常、腎盂に限定され、化膿性炎をきたします。これは、膀胱炎および腎盂腎炎の治療に使われる主なレメディーの1つです。

■Veratrum album（バレチューム・アルバム）, Veratrum（バレチューム）, White hellebore（ホワイト・ヘリボー）, Liliaceae（ユリ科）, バイケイソウ

原液（φ）は、根茎からつくります。

この植物の作用は、虚脱の症状像をもたらします。四肢が冷たくなり、チアノーゼの徴候が現れます。急速で継続的な水様下痢が起こり、消耗します。体表はすぐに冷たくなり、便は緑色を帯びてきます。下痢が始まる前に、腹痛の徴候が現れます。

■Viburnum opulus（バイバーナム・オパラス）, Viburnum-op.（バイバーナムオパ）, Water elder（ウォーター・エルダー）, Cranberry（クランベリー）, Caprifoliaceae, 水ニワトコ

原液（φ）は、新鮮な樹皮からつくられます。

この植物の作用は、筋攣縮（クランプ）と関係があります。雌の生殖器系、主に子宮が顕著な作用を受け、妊娠の第一四半期に流産を引き起こす傾向があり、一般にその後は不妊となります。このレメディーは、主に反復性流産の病歴がある動物の治療に使われます。

■Vipera（バイペーラ）, Common viper（コモン・バイパー）, マムシ

ポーテンタイゼーションは、毒液を希釈して行います。

この毒素は後肢の不全麻痺を引き起こしますが、完全麻痺に至る傾向があります。症状は上方に進みます。かまれると皮膚と皮下組織が腫脹

し、舌はブドウ色になり、口唇がはれます。肝機能障害により、可視粘膜の黄疸をきたします。静脈の炎症が浮腫を伴って起こります。静脈うっ血による浮腫状態は、このレメディーを使う条件に適合します。肝機能不全に役立つ可能性のあるレメディーとして覚えておきましょう。

■Zincum metallicum（ジンカム・メタリカム）, Zincum（ジンカム）, Zinc（ジンク）, Metal（金属）, 亜鉛

ポーテンタイゼーションは、磨砕したあとアルコールで希釈することによって行います。

この元素は、赤血球数が減少する貧血状態を引き起こします。筋肉の脱力と振戦を伴い、左側に倒れる傾向があります。これは貧血を伴う、発熱が抑えられた状態に有効なレメディーです。典型的な症状を示す脳障害にも役立つ可能性があります。

ノゾーズないし経口ワクチン

ノゾーズないし経口ワクチンについては、すでに「はじめに」で触れましたので、ここで付け加えるべきことは、病気の産物はすべて3C以上のポーテンシー、つまり100万分の1以上の強度ないし希釈率で無害になるということだけです。ノゾーズないし経口ワクチンは、30Cのポーテンシーで使われます。

■Bacillium（バシライナム）, 結核菌のノゾーズ

このレメディーは、結核に感染した組織からつくります。白癬やそれに似た皮膚病の治療にきわめて有用です。

■Carcinosin（カーシノシン）, 癌のノゾーズ

このレメディーは、発熱状態を伴う腺の腫脹に役立つ可能性があります。

■E-coli（イーコライ），ノゾーズないし経口ワクチン

さまざまな系統の E.coli（大腸菌）からつくられます。最も一貫した結果をもたらしてきた系統は、人間から得られたものであることが経験的にわかっています。

■Folliculinum（フォリキュライナム），人工女性ホルモン

この黄体からつくられるノゾーズは、主としてさまざまな卵巣およびそれに関連した疾患の治療に使われます。

■Oophorinum（ウーフォライナム），卵巣ホルモン

これは卵巣ホルモンそのものです。卵巣機能障害による不妊などの卵巣の問題が、このノゾーズの作用範囲に入ります。ホルモンバランスの失調と関係があると考えられる、ある種の皮膚障害にも使われてきました。

■Psorinum（ソライナム），ダニ感染による小水疱

これは有益な皮膚のレメディーです。白癬も、また乾いた被毛と激しいかゆみを伴うそのほかの疾患も、反応する可能性があります。

■Pyrogen（パイロジェン），発熱物質

このノゾーズは、腐敗した動物の蛋白質からつくられます。このレメディーはその起源にもかかわらず、バイタルフォースが弱まっている敗血症ないし毒血症状態の治療に非常に有益なレメディーです。このレメディーの使用を示唆する主な症状の1つは、弱い糸状脈を伴う発熱状態、あるいは充実した脈を伴う低体温状態が繰り返し現れることです。排泄物は腐敗状態で、いずれもきわめて不快です。産褥熱に対してきわめて重要な役割を果たす可能性があります。流産後の胎盤停滞に使われてきました。

■Salmonella（サルモネラ），ノゾーズないし経口ワクチン

　サルモネラ感染症を引き起こす通常のサルモネラ菌からつくられ、予防にも治療にも使われます。

■Streptococcinum（ストレプトコカイナム），ノゾーズおよび経口ワクチン

　溶血性連鎖球菌の系統からつくられ、この細菌に関係したさまざまな感染症に使われます。

■Sycotic co.（サイコティック・コー），腸内細菌ノゾーズの1つ

　これは、大腸にみられる乳糖非発酵菌からつくられるノゾーズの1つです。そのようなノゾーズは、それぞれ特定のホメオパシーのレメディーと関連があって、主にそれらと一緒に使われますが、単独で使われることもあります。Sycotic co. は粘膜のカタル性炎をきたす腸障害に使われ、成果を上げてきました。

■Tuberculinum aviare（チュバキュライナム・アビアーレ），鳥の結核菌のノゾーズ

　このノゾーズは、鳥から得られた材料でつくられます。ある種の肺炎の治療に、適応するレメディーとともに使うと役立つ可能性があります。効果を発揮する可能性が最も高いのは、慢性状態の場合です。

索引（病名等）………212
索引（レメディー名）……218

索引（事項等）

[あ]
アナフィラキシー 97
アレルギー性接触皮膚炎 98

[い・う]
胃炎 19,145,197
咽頭炎 16
ウイルス性肺炎 44-5,156

[え]
エイズに似ている猫の症候群 142
嚥下困難 16,27-8,33,56

[お]
黄脂症 103-4
黄疸 17,23,24,94-5,133,136,138,156,163-4,170,187,190,194,208
オートノゾーズ 9
雄猫の病気 78
音に敏感 140

[か]
外耳炎 81,84,154,186,195
外傷 6,32,52,71,84,87,93,98,101,116-7,152,164,184,186,190,196,202
潰瘍性角膜炎 87
潰瘍性舌炎 19,131
角膜炎 87,122
角膜潰瘍 87-8,125-6,173
角膜の混濁/肥厚 87-8,91,122,173
角膜のびらん 87
化膿性胸膜炎（膿胸） 47-8
過敏状態/過敏症 11,79,97,98,179,180
ガマ腫 14

カリシウイルス感染症 30,121,123
カルシウム 68,105,108-9,158-9,175,178
肝炎 23-4,28,187,190,195
感覚喪失 54
眼瞼（第三）の突出 85,140
眼瞼内反 85
肝硬変 24-5,139,162,164,187
肝腎症候群 138
関節炎 110-1,146,184,188
　　―リウマチ性 110-1,198
　　―変形性関節症 110-1,198
肝臓（食餌材料） 111
肝臓の病気 17,21,23-5,61,124,133,135-8,141,147,156,162-4,173,179,185,187,190,193-5
　　―肝炎 23-4
　　―肝硬変 24-5

[き]
キー・ガスケル症候群
（自律神経障害） 56
気管支炎 12,39,43,121,153,163,180
気管支拡張症 40,43,123
胸膜炎 46-7,157,205
胸膜の病気 42-8
去勢/避妊による問題 28,72,112-3,204
筋骨格系の病気 105-11
筋肉の外傷 116
筋肉の硬直 102,140,165,188,202
筋肉の病気 101-4
　　―黄脂症 103-4
　　―筋炎 101-2

[く]
クラミジア感染症（猫肺炎） 125-6,164,170

索　引　213

クリプトコッカス症　139
くる病　108-9
クロストリジウム・テタニ　140

[け]
経口ワクチン　8-10,119-20,129-30,132,208-10
毛玉　19
血液および造血器官の病気　93-6
結核　107,137,205,208
結石
　「尿路結石症」参照
結腸炎　22
血尿　60,69,71,156,182,203-4
　「尿」も参照のこと
結膜炎　85-6,88,125,142,173,180,203
下痢　20,22,26,61,63-4,66,87,96-8,127-8,157,160,165,167-8,170,172-3,177,180,184,186,190,193-4,197,207

[こ]
口渇　14,27-8,37,60-2,77,90,130,138,150-1,155,162,203
虹彩　88-9,126,193
虹彩毛様体炎　88
後肢の脱力（歩行運動失調症）　51-2,55,168
喉頭炎　37-8
高度免疫血清　97
口内炎　13,62,87,156
香油　118
呼吸
　―数の増加　44,47,96
　―困難　37,42,58,97-8,124,135-6,147,156,169,174,185
　―腹式　46
呼吸器系ウイルス　121
呼吸器系の病気　30-41

骨形成不全　105,109
骨髄炎　106-7,205
骨髄疾患　95
骨折しやすい傾向　105,107
骨折（突発性）　109
骨粗鬆症　105
骨軟化症　108-9,158
骨肉腫　109
骨膜　105-7,167,197
　―損傷　116
コロニー　121,134,142

[さ]
再生不良性貧血　95
細網内皮系　119,134-5
　―への攻撃　134
最類似薬　7
魚　103
産褥テタニー　76

[し]
耳介の潰瘍化　79
耳下腺炎　15,188,192
子宮炎　75,179
子宮蓄膿症　76,184
耳血腫　83
耳垢　79
視神経の損傷　91
失神
　「てんかん」参照
歯肉炎　18,132,142,160
重複感染　142
出血
　―分娩後の　74,94,180,197-8,204,206
　―貧血をきたす　93-6
　―網膜　90
消化器系の病気　13-29

小脳性運動失調症　129
食餌（バランスの悪い）　103
食欲（激しい／過剰）　26-7,145,180
食欲不振／減退　19,57,60,100,103,110,
131,133,142,148,185,197
自律神経障害(キー・ガスケル症候群)
56
腎盂腎炎　63-6,169,181,201,207
腎炎　60-3,135,161
　　―間質性（急性）60-2,204
　　―間質性（慢性）62-3,190
　　―腎盂　63-4
神経系の病気　49-56
侵食性潰瘍　114-5
心臓血管系の病気　57-9
心臓疾患　57,171
　　―慢性　42

[す]
膵炎　26-9,192,206
膵臓　26-9,154,181,192,202
　　―外分泌機能　26-8
　　―内分泌機能　28-9
髄膜炎　147
スプレー行動　72

[せ・そ]
生殖器系の病気　73-8
性欲減退　78
咳　37-41,45,63,122,150,156,185,200
咳（湿った）　42,149,200
脊椎炎（強直性）　110
舌炎　19
舌炎（潰瘍性）　131-2
背中を丸める　23,60-1,101,127
疝痛　23-4,92,127,194
前立腺肥大　78,199
粟粒湿疹　112-5,175,204

[た]
大腸炎（結腸炎）　22-3,126
脱水症　62,66,128
脱毛　112-5,143,175-6,185,200,204-6
ダニ
　　―ネコショウヒゼンダニ　81,113-4
　　―ミミヒゼンダニ　79-80

[ち]
チアミン欠乏症　49
中耳炎　82-4,195
中枢神経障害　61,129
腸炎　12,20,47,127-8,154,160,194
腸内細菌ノゾーズ
10-2,20,27,113,175,189,210
　　―適用の目安　12
直腸炎　23
対麻痺　54-5,65,168

[て]
手首の関節（炎症）　110
てんかん　49-50,146,158,171,203

[と]
瞳孔散大　14,17,37,46,49,56,61,76,83,
90,153,155,200,205
橈骨神経麻痺　53
糖尿病　28-9,203
頭部の外傷　117
動脈血栓症　51,58-9
トキソプラズマ症　141
トリプシン　26,192

[な・に]
内部寄生虫の駆除　144
乳汁分泌不足　74,76
乳房炎　74-5,193,201
尿

―血液／膿
61,63,66,69,71,94,161,164
　　―スプレー行動　72
　　―排尿困難
66,69,167,173,184,192,203
尿細管の障害　64-5
尿酸塩結石　66
尿量
　　―減少　65
　　―増加　62
　　―尿閉　62,65,161
尿路結石症　66-8
妊娠中絶　74

[ね]
猫ウイルス性鼻気管炎（FVR）
9,15,30,47,119,121-3
　　―ワクチン　119
猫から人間への感染　139,141
猫Tリンパ球指向性レンチウイルス
　（FTLV,FIV）感染症　142
猫伝染性腸炎（汎白血球減少症）
22-3,47,127-9
猫伝染性白血病ウイルス（FeLV）
感染症　26,134-5,137
猫伝染性貧血　132-4
猫伝染性腹膜炎（FIP）　136-7
猫特有の病気　19,121-44
猫肺炎（クラミジア感染症）　125-6
ネフローゼ　64-6

[の]
膿胸（化膿性胸膜炎）　47-8
ノゾーズ　8-12,16,20,27,34,36,64,80,
83,99,107,115,119,123-4,126,129-10,
132,135-7,141-3,149-10,164,170,173-5,
178,186,192,194-5,201,205,208-10
ノミ　118,132

乗り物酔い　100,167,203

[は]
肺炎　44-5,121-5,128,141,150,153,156,
161,181,185,210
肺気腫　43-4,149-50,156,185
肺水腫　42-3,149-51
肺の病気　42-8
　　―胸膜炎　46-7
　　―膿胸ないし化膿性胸膜炎　47-8
　　―肺炎　44-5
　　―肺気腫　43-4
　　―肺水腫　42-3
白癬　143-4,172,199,208-9
白内障　29,89,164,203
跛行　106,108-10
破傷風　140-1,180
白血病（FeLV）　26,134,137
発情　73,148,189,199
バッチ・フラワーレメディー　98,196
鼻出血　32-3,52,93
鼻汁　30-1,33-4,39,123,125,126,148,
151,184,200
パルボウイルス　127
繁殖期　73
汎白血球減少症（猫伝染性腸炎）127-9

[ひ]
鼻炎　30-1,125-6,178
尾骨の外傷　117
脾臓　26,133,138,163
ビタミンAの過剰給餌　111
ビタミン欠乏症（貧血）　95
　　―ビタミンE　95
　　―ビタミンB複合体　95
ビタミンD欠乏症　108
泌尿器系の病気　60-72
皮膚炎（アレルギー性接触）　98-9

貧血 93-6,132-4,135,152,173,186,190,
194,205,208
　　―急性出血による 93-5
　　―造血系の障害と関係のある 95-6
貧血が疑われた場合 96

[ふ]
副鼻腔炎 33,178-9,181
腹筋の腫脹 58
ブドウ膜炎 88-9,91
不妊症 73-4
分娩後の病気 74-8

[へ]
扁桃炎 34-6,201
　　―急性 34-5
　　―慢性 35-6
便秘 21-4,194

[ほ]
膀胱炎 63,69-71,156,161,169,173,184,200,204
膀胱結石 69,173,192
膀胱麻痺 71
歩行運動失調症（脊髄癆） 52-3
歩行の変化 54
歩行（不安定） 52,82,129
発作
　　「てんかん」参照
骨の外傷 116-7
骨の感染 106
骨の腫瘍 109
骨の湾曲 108
ホメオパシー 5-6
ホルモン（卵巣） 112,175,191,209

[ま・み]
マテリア・メディカ 145-210

耳の病気 79-84
脈絡膜 88

[め]
雌猫 73-8,134
　　―老猫 76
目の外傷 116,184
目の病気 85-92,199
目のレンズ 29,89-90
　　―混濁(白内障) 29
免疫抑制作用 134-5

[も]
網膜 90-1,193
　　―損傷 91
網膜出血 90
網膜剥離 91
毛様体 88

[や]
薬剤の過剰処方 95

[ら]
卵巣ホルモン 112,175,191,209

[り]
リケッチア 132
流産 74,134,162,197,204,207,209
流涙 31,35,85,87,173
緑内障 91-2
リン 108
リン酸塩結石 66
リンパ系 141-2,172,178,200
リンパ肉腫 134-6

[れ]
レメディー（ホメオパシーの）
　　―管理 8

―性質　6
―調合　6
―投与　7
―ポーテンシーの選択　7

［ろ］
瘻　106-7,117,137

［わ］
ワクチン接種法（通常ワクチンと経口ワクチン）　119-20

索引（レメディー名）

【A】
Abies-can. 145
Abrotanum 43,145
Absinthium 50,146
Aconite 13,15,17,32,34,37,44,46-7,51,
  60,69,82-3,89,91,93,97,101,103,106,127,
  138,140,146,174
Adonis 42,57,146
Aesculus 17,147
Agaricus 50,52,76,82,147
Agnus-castus 76,78,148
Aletris 148
Allium-cepa 31,85,148
Alumen 17,21,148
Ammonium-carb. 148
Ammonium-caust. 149
Angustura-vera 54,149
Anthracinum 115,149
Antim-ars. 44,150
Antim-crud. 99,150
Antim-tart. 39,41,45,122,150
Apis 14,37,39,42,61,91,110,151
Apocynum 28,151
Apomorphine 100,151
Arg-nit. 12,86,125,152
Arnica 52,71,74,84,86,93,116-7,152,155,
  202
Arsenicum 12,23,31,46,61-2,66,96,114,
  127,133,152
Arsenicum-iod. 45,80,153
Atropinum 27,56,153

【B】
Bacillium 143,208
Baptisia 128,153
Baryta-carb. 15,20,28,36,78,154
Baryta-mur. 38,154
Belladonna 14-5,17,19,35,37,46,49,61,
  75-6,83,92,153-4,172,179
Bellis-perennis 155
Benzoic-acid. 67,155
Berberis-v. 24-5,61,67,139,155
Beryllium 156
Borax 14,18,85,124,131,156
Bothrops-lanceolatus 58,90,156
Bromium 85,157
Bryonia 15,17,21,39-40,45-7,75,102-3,
  110,130,157
Bufo 50,52,158

【C】
Cactus 158
Calc-carb. 108,158
Calc-fluor. 16,38,75,81,88,90,103,105,
  107,109-10,135,141,159
Calc-iod. 36,159
Calc-phos. 68,76,105,108-9,159
Calc-renalis-phos. 68,160
Calc-renalis-uric. 68,160
Calendula 79,85,116,160,180
Camphor 70,97-8,160
Cannabis-sativa 61,87,161
Cantharis 69-70,128,136-7,161
Carbo-veg. 43-4,98,161
Carcinosin 208
Carduus-marianus 25,137,139,162
Caulophyllum 74-5,77,110-1,162
Causticum 38,53-4,70,102,162
Ceanothus 26,163
Chelidonium 24,138,163

Chimaphila 61,69,163
China 20,96,128,133,164,165
China-sulph. 62,164
Chionanthus 24,27,138,164
Cicuta 50,76,82,129,165
Cimicifuga 110-1,165
Cineraria 90,166
Cinnabaris 80-1,166
Cobaltum 166
Cocculus 49,100,166
Coccus-cacti 40,167
Colchicum 63,167
Colocynth 23,92,167
Condurango 110,168
Conium 51-3,55,71,168
Convallaria 57,168
Copaiva 70,169
Cortisone 99,169
Crataegus 42,169
Crotalus-horridus 32-3,58,71,74,90,94,133,169,183,189
Croton-tig. 22,170
Cryptococcus 170
Cubeba 170
Cuprum aceticum 130,170
Cuprum metallicum 11,50,171
Curare 76,102,140,171

【D】
Damiana 78,171
Digitalis 171
Drosera 37,172
Dulcamara 23,172
Dys-co. 11-2

【E】
E-coli 20,64,173,209
Echinacea 75,172

Eel-serum 62,173
Epigea-repens 67,173
Equisetum 70
Euphrasia 173

【F】
Ferrum-iod. 174
Ferrum-phos. 33,45,174
Ficus-religiosa 32,71,94,174
Fluoric-acid. 32,123,175
Folliculinum 72,112-3,175,191,204,209
Formic-acid. 110,175

【G】
Gaertner 11,20,27,175
Gelsemium 53-6,102,176
Glonoinum 176
Graphites 11,79-80,125,176

【H】
Hamamelis 89,95,116,177
Hecla-lava 105,109-10,177
Helleborus-niger 130,177
Hepar-sulph. 33,36,41,47,64,75,79,83,86,106,117,178
Hippozaeninum 34,125,178
Hydrangea 67,160,178
Hydrastis 12,77,179
Hydrocotyle 179
Hyoscyamus 129,172,179
Hypericum 71,85,116-7,140,160,179

【I】
Iodum 27-8,180
Ipecac 22,33,74,94,100,180
Iris-versicolor 22,26,29,181,206

【K】
Kali-ars.　181
Kali-bich.　31,36,39,41,87,115,123,126,181
Kali-carb.　182
Kali-chlor.　182
Kali-hydriodicum　182
Kreosotum　41,123,182

【L】
Lachesis　17,35,58,94,133,183
Lathyrus　53-5,183
Ledum　86,116,140,183
Lemna-minor　34,126,184
Lilium-tig.　57,184
Lithium-carb.　68,184
Lobelia　43,185
Lycopodium　24-5,45,67,78,114,139,185
Lycopus　57,185

【M】
Mag-phos.　76,186
Malandrinum　80,186
Melilotus　33,95,186
Merc-co.　12,19,22,63-4,66,131,187
Merc-cyan.　17,35,132,187
Merc-iod-flavus　18,132,188
Merc-iod-ruber　18,132,188
Mercurius　13-4,18-9,31,41,82,86,96,124,131,186
Millefolium　71,94,188
Mineral extract　110,188
Mixed grasses　99,188
Morgan　11,113,189
Murex　189
Muriatic-acid.　189

【N】
Naja　94,189

Nat-mur.　11,21,63,90,190
Nat-sulph.　50,117,190
Nitric-acid.　12-3,22,87,115,126,190
Nux-vomica　19,21,23,103,169,191,201

【O】
Ocimum-canum　68,191
Oophorinum　209
Opium　50-1,56,191
Ovarinum　72,112-3,191,204

【P】
Palladium　192
Pancreas　27,192
Pareira　64,70,192
Parotidinum　16,192
Petroleum　11,100,192
Phosphorus　11,19,24-5,28,32,45,63,65,88-92,122,124,126-7,135,138,193
Phosphoric-acid.　193
Platina　73,194
Plumbum　50,54,65,194
Podophyllum　20,194
Proteus　11
Psorinum　9,11,79,81,114,194,209
Ptelea　25,139,195
Pulsatilla　15,31,74-5,77,86,122,195
Pyrogen　48,75,77,128,195,209

【R】
Ranunculus-bulbosus　196
Rescue remedy　98,196
Rhododendron　196
Rhus-tox.　16,18-9,35,38,80,85-6,99,102,110-1,196
Rumex　40,197
Ruta　23,86,88,107,116,197

【S】

Sabina 74,197
Salicylic-acid. 110-1,198
Salmonella 210
Sanguinaria 198
Secale 59,74,198
Sepia 73,75,77,143,198
Silica 11,28,34,36,38,48,55,75,81,88-90,96,104,106-7,109-10,117,122,135,141,199
Solidago 65,78,199
Spigelia 92,199
Spongia 37,39,200
Squilla 40,200
Staphylococcinum 201
Staphysagria 72,112,200
Stramonium 50,76,82,129,172,201
Streptococcinum 36,201,210
Strophanthus 42,201
Strychnine 102,140,201
Sulfonal 76,130,202
Sulphur 11,113,114,118,202
Sycotic-co. 11-2,210
Symphytum 89,107,117,202
Syzygium 29,202

【T】

Tabacum 100,203
Tarentula-hispanica 50,203
Tellurium 80-1,203
Terebinthina 61,71,203
Testosterone 112-3,204
Thallium 99,114
Thlaspi 67,160,204
Thuja 65,169,205
Thyroidinum 205
Trinitrotoluene 95,205
Tuberculinum-aviaire 210
Tuberculinum-bovinum 107,137,205

【U】

Uranium-nit. 22,29,206
Urtica-urens 62,68,76,206
Ustilago 72,76,206
Uva-ursi 64,71,207

【V】

Veratrum 20,98,207
Viburnum-op. 74,207
Vipera 33,59,74,90,94,207

【Z】

Zincum 102,130,208

日本語版監修者あとがき

　私たちの愛しいペットであり友人でもある猫たち。私たちは彼らの存在によってどれほど助けられ、癒されているだろうか。しかし、彼らもまた生きている以上、病気にもなり、本来の動物として不自然な生活のなかで、ストレスも感じている。そのようなとき、私たちはどうにかして彼らを癒してやりたいと感じる。

　ご存知のように現在、動物たちに対する新たな療法が注目を集めている。なかでも鍼治療、アロマ、それにホメオパシーが挙げられよう。特にホメオパシー療法は、英国などで多くの獣医が実際に診療に取り入れ、大きな成果を上げてきた実績がある。しかし残念なことに、わが国では猫などに対するホメオパシー療法に関し、具体的に記述された専門書は少なく、ホメオパシー出版においても、先に刊行した『ペットのためのホメオパシー』（クリストファー・デイ著）のみであった。したがって今回、猫の一般的病態についてさらに詳細に記述されている本書を刊行するのは、大きな意義のあることと思う。

　ご承知のように、人も猫も日常、相当に大きなストレスを受けて生活している。私には猫たちの悲しい声が聞こえてくる。『我輩はネコである。本来、自由を楽しむことが好きなのに、マンションの部屋の中で生活している。義務でもないのに猫白血病のワクチンとか、予防接種もされる。食事は何だか乾燥した味気ないものだけ。世の中にはサンマの焼けるにおいや、美味しそうなにおいがあるのに…。お願いですから、私たちに猫の生活をさせてください。いろんな家をのぞいて、いろんな庭で冒険してみたい』

　最近、私のところに連れてこられる猫たちのほとんどが、予防接種による病気を抱えている。猫たちには、毛抜けや皮膚湿疹があり、落ち込みという心の問題があり、マルチプルアレルギー、腫瘍、問題行動等が見られた。明らかに予防接種に合うスーヤや梅毒マヤズム・レメディーを、どの猫にも出さなければならなかった。しかもまた、それがますま

す効果を示しつつあるのだ。

　何が猫たちの病気をつくるのか？　それを考えると、猫たちに「猫らしい生活」をさせてやることが、オーナーとしての愛であると思う。

　なお本書では、第17章で「ワクチン接種法」が取り上げられ、ホメオパシーによる経口ワクチンが説明される。おそらく、多くの猫たちにとって大きな助けとなるであろう。

　本書の原著者について記すならば、原著者マクラウド氏は、動物たちに対するホメオパシー療法の世界的権威の一人であり、ホメオパシー療法のみで治療に当たった獣医師であった。また、英国ホメオパシー獣医師会会長やホメオパシー開発財団の獣医部門コンサルタントなどを勤め、多くの著作を残した方でもある。

　最後に言うなら、ホメオパシーが動物たちのために広く使われるには、ホメオパスが人間だけでなく、動物まで診ることが一番いいのである。なぜならば、ホメオパシーをしっかりと勉強した者が、ホメオパシー療法を用いるべきだと考えるからである。動物たちがそのものらしく生きられることを心から望むなら、ぜひ、自己治癒力を触発し、自らが健康になるホメオパシーを使ってほしい。本書は、そのガイドとなるだろう。

2005年11月　由井寅子

著者紹介

George Macleod (ジョージ・マクラウド)

　故ジョージ・マクラウド（グラスゴー大学卒）は動物に対するホメオパシー療法の世界的権威の一人であり、ホメオパシーのレメディーだけを使って治療する数少ない獣医師の一人であった。

　第2次世界大戦で政府の業務に携わったあと、スコットランド、サザーランドのドルノックで開業し、その後イングランド、サセックスのヘイワードヒースに移った。

　50年近くにわたり、競走馬のサラブレッドから血統牛やペットに至るまであらゆる種類の動物を治療し、他の治療法が功を奏さない場合にもしばしば大きな成果を収めた。

　また、英国ホメオパシー獣医師会（The British Association of Homoeopathic Veterinary Surgeons）会長およびホメオパシー開発財団（The Homoeopathic Development Foundation）の獣医部門のコンサルタントを務めたほか、家畜およびペット動物のホメオパシー療法に関する著作を何冊も残している。

日本語版監修者紹介

由井寅子（ゆい・とらこ）

　プラクティカル・ホメオパシー大学大学院（英国）終了。日本ホメオパシー医学協会（JPHMA）・英国ホメオパシー医学協会（HMA）・英国ホメオパス連合（ARH）認定ホメオパス。ホメオパシー名誉博士／ホメオパシー博士（Hon.Dr.Hom /Ph.D.Hom）。日本ホメオパシー財団理事長。カレッジ・オブ・ホリスティック・ホメオパシー（CHhom）学長。日本豊受自然農代表。

　ドイツ発祥の伝統医学、ホメオパシーを1996年から日本に本格導入。体・心・魂を三位一体で治癒に導くZENホメオパシーは、現代の様々な難病を治癒に導くアプローチとして、世界のホメオパス（ホメオパシー療法家）から注目されている。2017年には、欧州4か国（ドイツ、イギリス、オランダ、ルーマニア）から招聘されZENホメオパシーを発表。Heritage（世界最大ホメオパシージャーナル）国際アドバイザー。

　著書、訳書、DVD多数。代表作に『ホメオパシー in Japan』『キッズトラウマ』『ホメオパシー的信仰』『インナーチャイルドの理論と癒しの実践』『インナーチャイルド癒しの実践DVD 1〜7』（以上、ホメオパシー出版）、『毒と私』（幻冬舎メディアコンサルティング）など。

■Torako Yui　オフィシャルサイト　http://torakoyui.com/

訳者紹介

塚田幸三（つかだ・こうぞう）

　1952年生まれ。大阪府立大学農学部卒・英国エジンバラ大学獣医学部修士課程修了。翻訳著述業。

　著書に、『いのちの声を聞く』（共著）、『滝沢克己からルドルフ・シュタイナーへ』（共にホメオパシー出版）など。

　訳書に、J・サクストン＆P・グレゴリー『獣医のためのホメオパシー』、C・デイ『牛のためのホメオパシー』、C・デイ『ペットオーナーのためのホメオパシー　―応急手当の手引』、G・マクラウド『犬のためのホメオパシー』、G・マクラウド『猫のためのホメオパシー』、C・デイ『ペットのためのホメオパシー』、W・スヒルトイス『バイオダイナミック農法入門』、K・ケーニッヒ『動物の本質』（以上、ホメオパシー出版）、M・グレックラー『医療と教育を結ぶシュタイナー教育』（共訳）、P・デサイ＆S・リドルストーン『バイオリージョナリズムの挑戦』（共訳）、M・エバンズ＆I・ロッジャー『シュタイナー医学入門』（以上、群青社）、K・ブース＆T・ダン『衝突を超えて』（共訳、日本経済評論社）、N・チョムスキー『「ならずもの国家」と新たな戦争』、N・ングルーベ『アフリカの文化と開発』（以上、荒竹出版）、R・ダウスウェイト『貨幣の生態学』（共訳、北斗出版）など。

ホメオパシー出版の「動物」関連書籍

犬のためのホメオパシー
犬の病気別ホメオパシーレメディーの詳説

ジョージ・マクラウド 著／由井寅子 監修／塚田幸三 訳
A5判・328頁　2,200円+税
動物へのホメオパシー療法の世界的権威であった著者が、犬の病気に対処する方法を詳しく解説。ホメオパシーを活用したいと思っているすべての愛犬家にオススメ。

牛のためのホメオパシー
自然で人間的かつ効果的な家畜のケア

クリストファー・デイ 著／由井寅子 監修／塚田幸三 訳
A5判・240頁　5,000円+税
畜産農家や家畜のケアにかかわる獣医師の方待望の、大型家畜のホメオパシー的ケアに関する日本初の書籍。牛の福祉におけるホメオパシーの役割が詳述され、各種病気に適合するレメディーを掲載。

獣医のためのホメオパシー

ジョン・サクストン, ピーター・グレゴリー 共著／由井寅子 監修／塚田幸三 訳　A5判・432頁　8,000円+税
わが国で初めての本格的動物テキスト！　ホメオパシーに詳しくない獣医師に向けて書かれているため、読みやすく使いやすいのが特徴。動物愛好家やアニマルホメオパスを目指す方に読んでほしい一冊。

動物の本質
ルドルフ・シュタイナーの動物進化論

カール・ケーニッヒ 著／由井寅子 監修／塚田幸三 訳
A5判・208頁　2,000円+税
シュタイナー哲学に基づき、動物進化の歴史に鋭く迫るカール・ケーニッヒ博士の著書、待望の邦訳。動物に対する深い理解と思いやりが感じられる講義録。

ペットのためのホメオパシー
ペットオーナーと専門家のための理論と実践

クリストファー・デイ 著／由井寅子 監修／塚田幸三 訳
A5判・328頁　2,800円+税
自分のペットをケアしたい方や、獣医師の方に最適な実務書。イヌ、ネコ、ウサギ、ハムスター、鳥、ハ虫類、魚など、各動物特有の病気とホメオパシー的対応法を紹介。

ペットオーナーのためのホメオパシー
応急手当の手引き

クリストファー・デイ 著／由井寅子 監修／塚田幸三 訳　価格等未定
ペットの応急手当に役立つコンパクトな入門書。獣医師ホメオパスによる豊富な治療経験をもとにした構成で、症状からレメディーを探すことができる。レメディーの取り扱い方や投与方法に関する注意事項、投与量に関する指針も掲載する。（電子出版予定）

〈アニマルホメオパシー海外選書〉

猫のためのホメオパシー
——猫の病気別ホメオパシーレメディーの詳説

2006 年 1 月 1 日　初版第一刷　発行
2018 年 8 月 1 日　初版第三刷　発行

著　者　ジョージ・マクラウド（George Macleod）
日本語版監修者　由井寅子
訳　者　塚田幸三
装　丁　ホメオパシージャパン株式会社
発行所　ホメオパシー出版株式会社
　〒158-0096 東京都世田谷区玉川台 2-2-3
　電話：03-5797-3161　FAX：03-5797-3162
　U R L　http://www.homoeopathy-books.co.jp/
　E-mail　info@homoeopathy-books.co.jp

© 2006 Kozo Tsukada
Printed in Japan
ISBN 978-4-94657-264-7　C3047
落丁・乱丁本は、お取り替えいたします。

この本の無断複写・無断転用を禁止します。
※ホメオパシー出版 株式会社で出版している書籍は、すべて公的機関によって著作権が保護されています。